見える気象学

気象情報可視化ツール Wvis 公式マニュアル

新井直樹

本書特典 Wvis 追加機能
・GSM 表示領域切り替え機能

鳳文書林出版販売

表紙、裏表紙の使用画像について

表紙：平成 25 年台風第 26 号 (2013 年)
　　　の風向・風速、相当温位

裏表紙：平成 30 年 7 月豪雨 (2018 年)
　　　の風向・風速、湿域、降水量

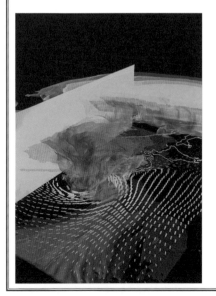

はじめに

　これは何でしょうか？

　この 4 枚の図は、なにかの断面を表しています。4 枚の断面図を組み合わせて、立体的な形を想像してください。カメ、ペンギン、茄子、花のつぼみ、・・・？。あなたは、どのような形をイメージしましたか？

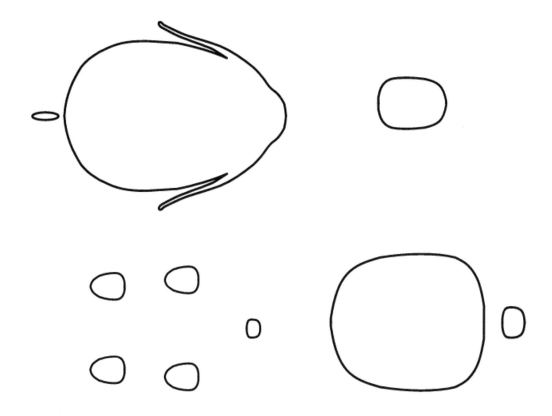

　現在、天気図や様々な気象情報が提供され、日々の天気予報などで広く用いられています。しかし、そのほとんどは平面的な資料です。気象の専門家であれば、それらの資料を頭の中で組み合わせ、大気の立体的な構造をイメージすることができるでしょう。しかし、気象を学び始めた人にとって、それはとても難しい作業です。私自身、以前は気象とまったく別の仕事をしていました。やがて気象分野の業務に移り、気象現象の立体的な構造の理解に苦労しました。だからこそ、大気の立体的な姿を見てみたい、気象現象と航空機を同じ画面に表示して、その関係を把握したいと考えるようになりました。そのような想いから、気象情報と航空機の情報を 3 次元で立体的に表示するソフトウェアの開発を始めました。その名前は、気象情報可視化ツール Wvis (Weather Data Visualization Tool) です。

はじめに

Wvis の開発にあたって、次の点を目標としています。

・気象の各要素を、3次元でわかりやすく表示する → 直感的にイメージできる

・自由に視点の移動、回転、拡大・縮小ができる → マウスでぐるぐる動かせる

・一般的なパソコンで動作する → 誰でも体験できる

さて、先ほどの答えは「象さん」の断面図でした。この「象さん」のお話しは、あるパイロットの方が考えたもので、断面から立体的な姿をイメージすることの難しさを表しています。そしてこの難しさは、気象についてもあてはまります。気象の勉強を始めた時は、まず地上天気図を見て天気を想像することと思います。しかし、それは大気の真の姿のほんの一部を見ていることに過ぎません。「象さん」で言えば、足と鼻の先

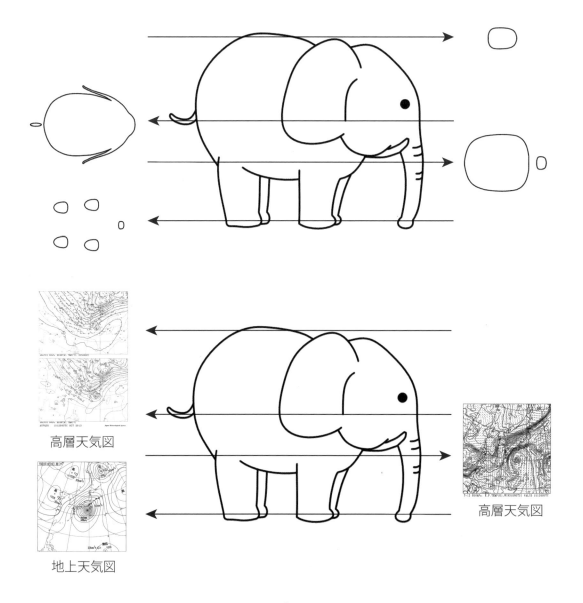

高層天気図

地上天気図

高層天気図

だけを見て状況を判断していることになります。もう少し理解が進むと、高層天気図の勉強を始めることでしょう。しかしそれも、「象さん」のお腹や背中の断面を見ているに過ぎません。断面である天気図を組み合わせて、立体的な「象さん」を認識することが重要です。もしかしたら、「キリン」かもしれないし、「キノコ」かもしれません。私はこのお話を聞いて、パイロットの方が常に大気の立体的な構造の中で飛行機を操り、気象現象の3次元的なイメージを大切にしていることがわかりました。

　皆さんも、この本によって同じ体験をしてみてはいかがでしょうか。目の前のパソコンに気象現象を立体的に表示し、マウスでぐるぐる動かし、拡大し、時には裏側から眺めて、日々の気象の思いもよらぬ姿をイメージしてください。きっと、驚きに満ちた発見になることと思います。

　本書の構成
　この本は、つぎの構成になっています。
● 　見える気象学編
　■ 　サンプルデータの可視化
　■ 　気象事例の可視化
● 　マニュアル編

　まず、Wvis に含まれているサンプルデータを表示してみてください。気象現象を立体的に可視化してイメージする面白さを体験できます。その後、いろいろな気象事例を可視化することで、気象学の理解を深めていきます。全体として、大規模な気象現象から、小さいスケールまたは極端な気象現象へと話を進めています。これらの事例を可視化する過程で、Wvis の操作法を調べたりさらに便利な使い方を知るために、マニュアルを参照してください。

目 次

コラム一覧	
UTC と JST ・・・・・・2	春一番 ・・・・・・42
2013 年台風 26 号 ・・・・・・6	冬の雷 ・・・・・・55
気圧面と高度 ・・・・・・8	湿ったフェーンと乾いたフェーン ・・・・・・60
Js と Jp の成因 ・・・・・・14	線状降水帯 ・・・・・・66
相当温位 ・・・・・・17	CARATS Open Data のフォーマット ・・・・・・71
下層ジェットと湿舌 ・・・・・・21	風向・風速のアニメーション ・・・・・・79
天気図と Wvis ・・・・・・23	MSM における予報時間 ・・・・・・83
MSM における上昇流・下降流 ・・・・・・31	MSM における降水量 ・・・・・・83
MSM における降水量 ・・・・・・34	

1. 見える気象学編

TRK 2016.2.14 0000-1159Z
FLT 0001 01:22:00
Wvis

1.1. インストール

　気象情報可視化ツール Wvis はこちらの URL からダウンロードしてください。現在の最新版は、2021 年 5 月公開の Wvis Version 2.1.7 です。

https://wvis.jimdofree.com/

　ダウンロードした Wvis2_64.zip をマウスで右クリックし、展開してください。展開したフォルダを、本書では「Wvis フォルダ」と呼びます。このフォルダの中に含まれている Wvis.bat をダブルクリックして Wvis を起動します。しばらくすると、データを表示するビューアーと、ビューアーに表示する内容を操作するユーザーインターフェイスのウィンドウが表示されます。もし、Wvis を起動したときに警告のメッセージが表示された場合は、「2.8.1　起動時の警告」を参照してください。

図 1-1-1　Wvis2_64.zip ファイルのダウンロードと展開

　その他のインストール作業は特にありません (Windows のレジストリに変更を加えることはありません)。Wvis フォルダを、任意のフォルダにコピーして使用することもできます。その場合、使用するユーザーの書き込み許可がある場所にコピーしてください。また、USB メモリや外付けハードディスクにコピーして持ち出し、移動先のパソコンで使うこともできます。

　Wvis の動作に必要な環境はつぎのとおりです。

・OS：Windows 10、8.1 (64bit)

コラム：UTC と JST

　UTC (Coordinated Universal Time) とは、協定世界時の略です。数値予報での時間は、UTC で定義されています。日本時間 JST は、協定世界時 UTC との間に 9 時間の時差があります。日本時間で朝の 09:00JST が、協定世界時の 00:00UTC になります。

　なお、協定世界時 00:00UTC は、0000Z または 00Z と表現されることがあります。それに対し、日本時間 09:00JST は 0900I です。「I」はアルファベット 9 番目の文字、つまり 9 時間の時差を表しています。

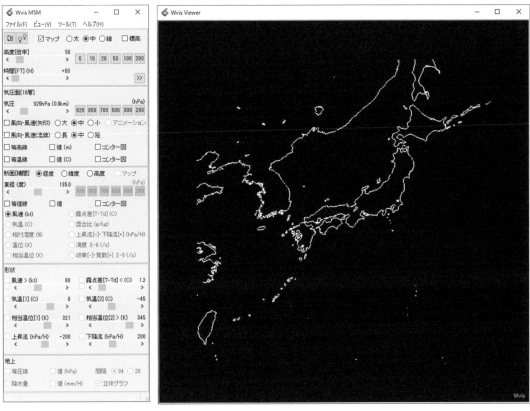

図 1-1-2　MSM　ユーザーインターフェイスとビューアー

・メモリ：8GB 以上

　Wvis が取り扱うデータサイズは非常に大きいこと、3 次元の可視化には多くの計算量が必要なことから、できるだけ高性能なパソコンで快適に操作することをお勧めします。なお、パソコンの能力が許す限り、Wvis を同時に 2 つ以上起動し、複数のビューアーに異なるデータを可視化して比較することもできます。

1.2.　サンプルデータの可視化

　それでははじめに、Wvis に含まれているサンプルデータを表示してみましょう。ユーザーインターフェイスの操作の手順を説明します。

　まず、「ファイル」メニュー、「MSM 気圧面ファイルを開く」をクリックしてください。Wvis フォルダ内の bin フォルダにあるファイルを開いてください。

　Wvis_date_20131015180000_msm_sample__L-pall_FH00_grib2.bin

　コマンドプロンプトの黒い画面が表示され、ファイルを読み込み、計算処理が終わると、ビューアーの左下に初期時刻が表示されます。

MSM-P 2013.10.15 18Z FH00

このサンプルデータは、台風 26 号が日本へ接近した 2013 年 10 月 15 日 18:00UTC(日本時間 10 月 16 日 03:00JST) を表現しています。図 1-2-1 は同じ日時の地上天気図です。

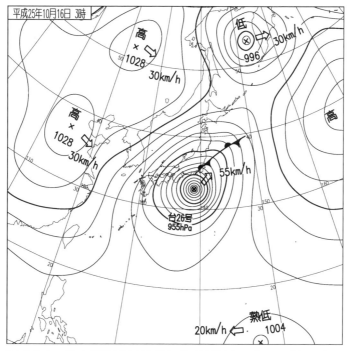

図 1-2-1　地上天気図 (速報天気図)[2013 年 10 月 15 日 18:00UTC]

　　マウスを操作して視点を動かす方法を練習しましょう。マウスの左ボタンを押したままドラッグすると、画像が回転します。マウスのホイールを回すと拡大・縮小します。マウスの右ボタンを押しながらドラッグすると、画像が平行移動します。

　　つぎに、ユーザーインターフェイスの操作です。図 2-1-2 ～図 2-1-5 を参照してください。「初期位置」ボタンをクリックすると、ビューアーの画像が元の位置に戻ります。「マップ」をチェックすると、海岸線の表示の有無を切り替えることができます。「標高」をチェックすると、立体的な地形が表示されます。

　　「気圧面」の「風向・風速 (矢印)」をチェックしてください。風向・風速を表す矢印が表示されます。風速が大きくなるにしたがって、矢印の色が青から赤の配色になっています。「アニメーション」をチェックすると矢印が流れ出します。「気圧」のスライダを動かすと、風向・風速を表示する気圧面の高さが変わります。「風向・風速 (流線)」をチェックすると流線で表示します。

　「断面 [補間]」の「等値線」と「値」、「コンター図」をそれぞれチェックしてください。東経 135 度の断面に等風速線が表示されます。「東経」のスライダを動かすと、断面の位置が経度方向に移動します。「緯度」をチェックすると緯度方向の断面が、「高度」をチェックすると高度方向の断面が表示されます。

　「形状」の「風速」をチェックすると、立体的な等風速面が表示されます。「風速」にはチェックが上下に 2 つありますが、下側のチェックのみをつけると下層の等風速面が、両方のチェックをつけると下層から上層の等風速面が表示されます。ここでは、下層の等風速面が台風による地上付近の風を、上層の等風速面がジェット気流を表現しています。

　「相当温位 [2]」をチェックすると、等相当温位面が表示されます。これは、台風の中心付近の暖かく湿った空気を表しています。スライダを動かすと、表示する相当温位の値が変化します。

　ここまでで、サンプルデータを可視化し、台風の中心付近の姿を立体的に表現することができました。

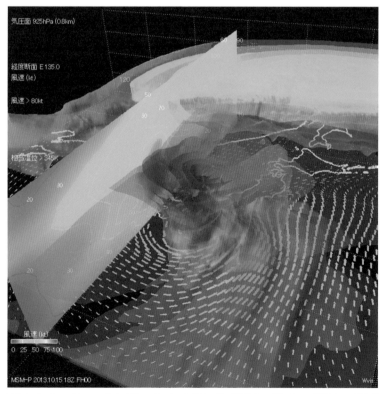

図 1-2-2　サンプルデータの表示 (気圧面：風向・風速、断面
：風速、形状：風速、形状：相当温位)

コラム：2013 年台風 26 号

2013 年台風第 26 号は、10 月 10 日 21 時にマリアナ諸島の近海で発生し、13 日 21 時には沖の鳥島近海で非常に強い勢力となりました。その後、台風 26 号は日本の南の海上を北北西に進み、15 日午前には南大東島の東の海上で次第に進路を北東に変え、16 日未明から朝にかけて強い勢力を維持したまま伊豆諸島や関東地方に接近しました。特に東京都では大荒れの天気となり、暴風による停電などの被害のほか、鉄道や航空機の運休、高速道路の閉鎖など交通機関にも大きな影響がありました。また、伊豆諸島北部を中心に大雨となり、特に大島町では記録的な大雨が降った影響で大規模な土砂災害が発生しました。この台風により 40 名の方が亡くなり、3 名の方が行方不明になるなど大きな被害がありました。

Wvis には、台風 26 号が伊豆諸島に接近した 16 日未明、10 月 15 日 18:00UTC について、数値予報データ MSM と同じフォーマットで作成したサンプルデータを添付しています。

1.3. 開発コードの入力と本書特典機能

Wvis は開発コードを入力することで、初期状態では無効となっている特定の機能を有効にすることができます。本書の特典として、つぎの機能を Wvis に追加できます。

・GSM 表示領域切り替え機能

この機能は、日本を含む北西太平洋に限られている Wvis の表示範囲を全世界に広げるものです。地球のほぼ全域を 12 の領域に分け (図 2-2-3)、表示したい領域を選んで切り替えることができます。

それでは、開発コードを入力してこの機能を有効にしてみましょう。「ツール」メニューの「開発コード」をクリックし、[1] から [5] に図 1-3-1 の数字を入力します。[6] と [7] には、ご自身のメールアドレスを入力してください。[6] にはメールアドレスの @ より前の文字を、[7] には後の文字を入力し、「OK」をクリックします。その後、Wvis を一旦終了してから再び起動すると、入力した開発コードが反映されて特典機能

図 1-3-1　本書特典開発コード（[6][7]はメールアドレスを入力）

が有効になります。Wvis の再起動を忘れないようにしてください。また、入力した開発コードの変更を反映させるためには、Wvis フォルダに書き込みが許可されている必要があることに注意してください。

なお、GSM 表示領域切り替え機能の詳細については、「1.5. ジェット気流」および「2.2. GSM ユーザーインターフェイス」で説明します。

1.4. 可視化できる数値予報データ

気象情報可視化ツール Wvis は、数値予報を可視化するツールです。数値予報とは、ひとことで言うとコンピュータの中に地球の大気を再現したものです。物理学の方程式により、気圧、気温、風などの変化をコンピュータで計算して、将来の大気の状態を予測しています。予測する手順は、まずコンピュータで取り扱いやすいように、地球の周りの大気に非常に多くの点を定めます。これを格子点 (GPV: Grid Point Value) と呼び、緯度方向・経度方向・高さ方向に細かい間隔で定義します。世界中から送られてくる観測データ等を使って、一つ一つの格子点に気圧、気温、風などの値を入れて初期値とし

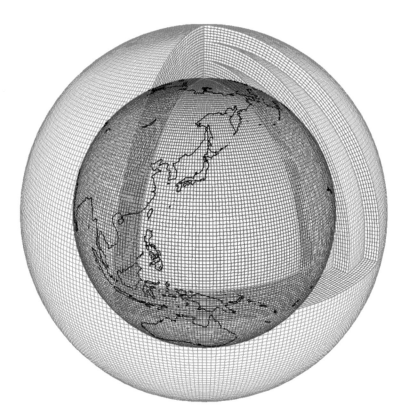

図 1-4-1　全球の大気を格子で区切ったイメージ (気象庁ホームページ「数値予報とは」より)

ます。これらの値を基に、それぞれの格子点について少し先の時間、また少し先の時間、さらに先の時間、・・・、というように、方程式を使って未来の値を求めていきます。非常に多くの格子点について計算をしていくので、膨大な計算量になります。そのため、スーパーコンピュータによって数値予報の計算が行われています。

　なお本書では、数値予報に関する言葉を次のように使い分けることにします。

・数値予報または数値予報モデル：数値予報のプログラム
・数値予報データまたは数値予報ファイル：数値予報の計算結果、数値予報によって作られたデータのファイル

　数値予報は、現代の天気予報を支える重要な技術の一つです。気象庁では、毎日決まったスケジュールで数値予報の計算を行い、様々な数値予報データを作成しています。このうち、Wvis ではつぎの数値予報ファイルを可視化することができます。「カッコ」内は、Wvis で用いている略称です。

・メソ数値予報モデル GPV(気圧面)：「MSM 気圧面」
・メソ数値予報モデル GPV(地上)：「MSM 地上」
・全球数値予報モデル GPV：「GSM 全球域」
・沿岸波浪数値予報モデル GPV：「CWM 沿岸波浪」
・全球波浪数値予報モデル GPV：「GWM 全球波浪」

1.5. ジェット気流

　ここからはさまざまな事例を可視化して、気象現象の立体的な姿をイメージしてい

コラム：気圧面と高度

　気圧は、高度とともに曲線的に減少していきます。気象学では、高さ方向を気圧の値で表すことがよくあります。気圧と、おおよその高度との関係はつぎのとおりです。

・850hPa：約 1500m
・700hPa：約 3000m
・500hPa：約 5700m
・300hPa：約 9600m

　地上天気図は、高さ 0m という高度を基準とする、等高度面天気図です。この天気図には、その高度における等圧線が描かれています。高気圧は周囲に比べて気圧が高く、低気圧は周囲に比べて気圧が低いです。

　それに対し高層天気図は、特定の気圧面を基準とする、等圧面天気図です。この天気図には、その等圧面における等高線が描かれています。気圧の高い領域は高度が高く、気圧の低い領域は高度が低くなります。

きましょう。気象現象は一つの現象が単独で起きるのではなく、一見すると別の現象が発生の要因になっていたり、お互いが密接に関連していたりします。Wvis を使い、手順に沿って可視化しながら、それぞれの気象現象の「つながり」に注目したいと思います。

亜熱帯ジェット気流と寒帯前線ジェット気流

　最初の事例は、上空に吹くジェット気流についてです。図 1-5-1 は、北極から赤道を通って南極へ続く南北の断面、子午線の断面を表しています。地球は球なので実際の地面は丸く湾曲していますが、わかりやすくするためこの図では地面を直線で表現しています。

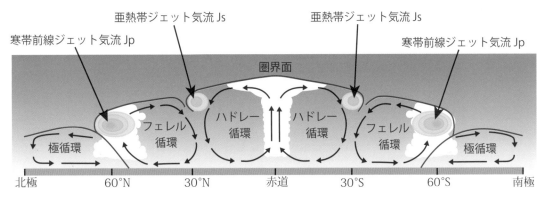

図 1-5-1　大気の大循環とジェット気流

　地球規模の大規模な大気の流れを、大気大循環といいます。低緯度側からハドレー循環、フェレル循環、極循環があり、暖かい赤道側から寒い極側へエネルギーの輸送をしています。これら 3 つの循環の境目の上部に、強い西風であるジェット気流が吹いています。低緯度側が亜熱帯ジェット気流 Js、高緯度側が寒帯前線ジェット気流 Jp です。北半球も南半球も、ジェット気流は西風になっています。

　これらのジェット気流を可視化してみましょう。この事例の数値予報データには、広範囲のデータが含まれている GSM を利用します。Wvis を起動し、「ツール」メニュー、「GPV ダウンロード」で、つぎの 2 つの数値予報ファイルをダウンロードしてください。それぞれ北半球の冬と夏のデータになります。ダウンロードの詳しい手順は「2.7. GPV ダウンロード」を参照してください。

　・初期時刻：2017 02 01 00:00UTC、GSM 全球域、FD0000
　・初期時刻：2017 08 01 00:00UTC、GSM 全球域、FD0000

　まず、北半球の冬のデータを可視化します。「ビュー」メニュー、「GSM 全球域」をチェックしてください。ビューアーの表示が GSM に切り替わります。「ファイル」メニュー、

「GSM 全球域ファイルを開く」で、ダウンロードした 2017 年 2 月 1 日のファイルを開いてください。

Z__C_RJTD_20170201000000_GSM_GPV_Rgl_FD0000_grib2.bin

「断面」の「等値線」「値」「コンター図」をそれぞれチェックします。東経のスライダを動かして 130.0(度) にしてください。子午線の断面における風速の分布が表現されています。図 1-5-2 はビューアーの表示を回転させて、日本上空を西からの視点で眺めたものです。高緯度側 (図の左側) の風速のピークが寒帯前線ジェット気流 Jp、低緯度側 (右側) が亜熱帯ジェット気流 Js です。Jp より Js のほうが、高度が高いところを吹いていることがわかります。これは高緯度側よりも低緯度側の方が、圏界面の高度が高いためです。

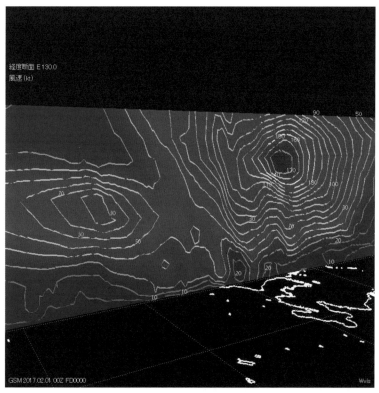

図 1-5-2　東経 130 度断面における等風速線 (左側：寒帯前線
ジェット気流 Jp 、右側：亜熱帯ジェット気流 Js)
[2017 年 2 月 1 日 00:00UTC]

「気圧面」の「風向・風速 (矢印)」をチェックしてください。気圧 300(hPa) のボタンをクリックします。高度は約 9km になります。「アニメーション」をチェックしてください。上空の風の様子が表現されています。つぎに「形状」の「風速」にチェックをつけ、スライダで風速の値を 60(kt) にします。60 ノットは約 30m/s になります。緑

色〜黄色で表示されている等風速面がジェット気流のコア、風の強い軸のような部分を立体的に表現しています。ジェット気流は単純な直線ではなく、曲がったり、風速が強くなったり、弱くなったりしていることがわかります。

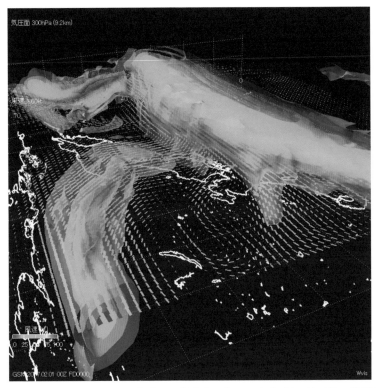

図 1-5-3　300hPa の風向・風速とジェット気流 (左側：寒帯前線ジェット気流 Jp 、右側：亜熱帯ジェット気流 Js)

地球を取り巻くダイナミックな流れ

　より広い範囲を眺めてみましょう。拡張メニューを開く「>>」ボタンをクリックし、Wvis のユーザーインターフェイスを広げて表示します。「領域」の「北半球」「[1] 東経90-180」が選ばれていますので、表示領域を切り替えてみましょう。北半球と南半球について、それぞれ「[0] 東経 00-90」〜「[3] 西経 90-00」を並べたのが図 1-5-5 です。

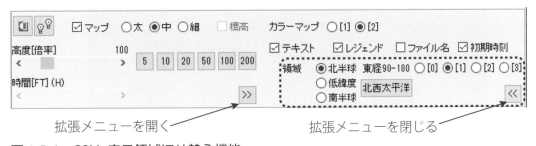

図 1-5-4　GSM 表示領域切り替え機能

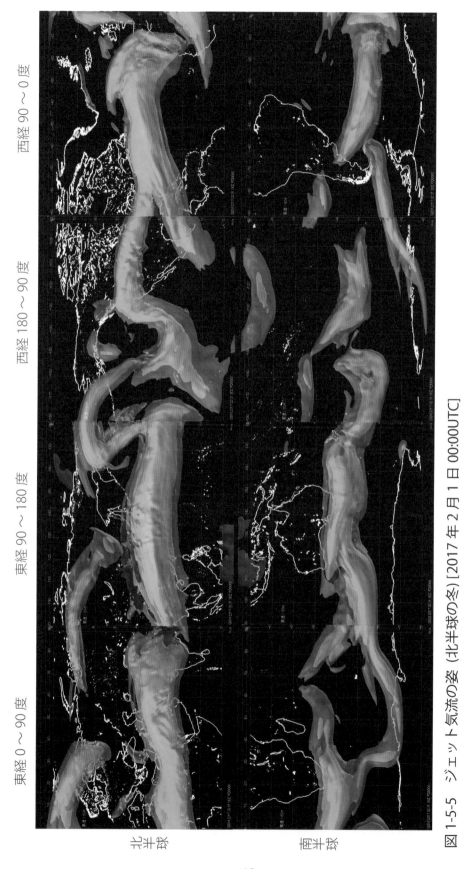

図 1-5-5 ジェット気流の姿（北半球の冬）[2017 年 2 月 1 日 00:00UTC]

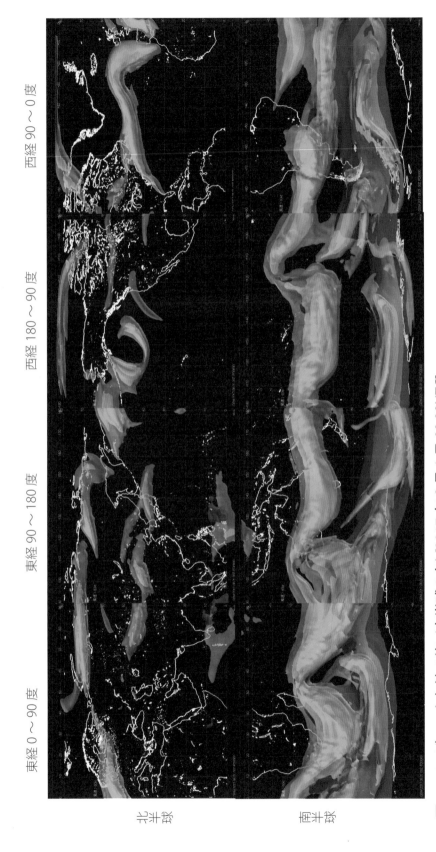

図 1-5-6 ジェット気流の姿 (南半球の冬) [2017 年 8 月 1 日 00:00UTC]

蛇行したり、分岐したり、合流したり、地球を取り巻くジェット気流の複雑な形が表現
されています。なお、GSM 表示領域切り替え機能を利用するためには、本書特典の開
発コードの入力が必要です。「1.3. 開発コードの入力と本書特典機能」を確認してくだ
さい。

　つぎに、北半球の夏すなわち南半球の冬のデータを可視化してみましょう。先ほど
ダウンロードした 2017 年 8 月 1 日のファイルを開いてください。

　Z__C_RJTD_20170801000000_GSM_GPV_Rgl_FD0000_grib2.bin

　北半球の冬の場合と同じ手順で、ジェット気流を可視化したのが図 1-5-6 です。図
1-5-5 と比べて、北半球のジェット気流の風速が小さくなり、南半球の風速が大きくなっ
ていることがわかります。つまり、冬の半球でジェット気流は強まり、夏の半球でジェッ
ト気流は弱まるということを表しています。

　ここでは冬と夏、2 つの事例を表示しましたが、日時を変えてさらに多くの期間を表
示すると、上空のジェット気流が日々その姿を複雑に変えながら吹いていることがわか
ります。

見える化のポイント

● ジェット気流には、亜熱帯ジェット気流 Js と寒帯前線ジェット気流 Jp の 2 つが
あり、圏界面の高さの違いから Js の方が高度が高いところを吹いています。

● ジェット気流は単純な直線ではなく、蛇行したり、分岐したり、合流したり、複
雑な形をしていて、日々変化しています。

1.6. 気団と前線面

気団の広がりと境界

　気団は、同じ性質の大規模な空気の塊です。気団の性質としては、暖かい気団・冷
たい気団、湿った気団・乾いた気団があります。気団と気団の境目を前線面といいます。
前線面の両側は異なる気団、つまり空気の性質が違うことになります。前線面が、地表
面などの特定の面と交わる部分が前線です。地上天気図で前線は一本の線として描かれ

コラム：Js と Jp の成因

　2 つのジェット気流は成因、すなわち吹く理由が違います。亜熱帯ジェット気流 Js は角
運動量保存則、つまりコリオリの力で右に曲がることで西風が吹きます。寒帯前線ジェッ
ト気流 Jp は温度風で、中緯度と高緯度の暖気と寒気、温度の差によって西風が吹きます。
成因が違うため、季節による変化や日々の変化の様子も異なります。

ますが、その上空には前線面が広がっています。その様子を可視化してみましょう。

「ツール」メニュー、「GPV ダウンロード」でつぎのファイルをダウンロードしてください。

・初期時刻：2018 04 15 12:00UTC、MSM 気圧面

図 1-6-1 は同じ日時の地上天気図です。日本列島の南に、寒冷前線が北東から南西方向にのびています。

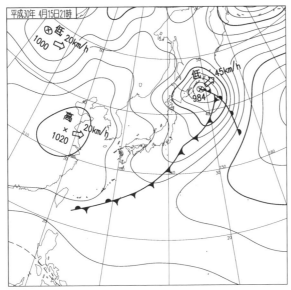

図 1-6-1　地上天気図(速報天気図) [2018 年 4 月 15 日 12:00UTC]

ダウンロードしたファイルを「ファイル」メニュー、「MSM 気圧面ファイルを開く」で開いてください。

Z__C_RJTD_20180415120000_MSM_GPV_Rjp_L-pall_FH00-15_grib2.bin

「気圧面」の「風向・風速 (流線)」をチェックし、「アニメーション」をオンにしてください。下層の 925hPa の風が表示されます。高度は約 800m になります。日本列島の南東側ではおもに南よりの風、日本列島の北西側では北よりの風になっています。

「気圧面」の「等温線」「値」「コンター図」をそれぞれチェックしてください。925hPa における気温の分布が表示されます。南よりの風によって暖気が、北よりの風によって寒気が吹き込んでいます。それぞれ、日本列島の南側の暖かい気団、北側の冷たい気団を表しています。気圧の 850、700、500(hPa) のボタンを順にクリックし、より高い高度の気温分布を表示してみましょう。それぞれ高度約 1.5km、3km、5.6km になります。高度が高くなるほど暖気と寒気の境目が北上し、より北側まで暖かい気団が広がっていることがわかります。

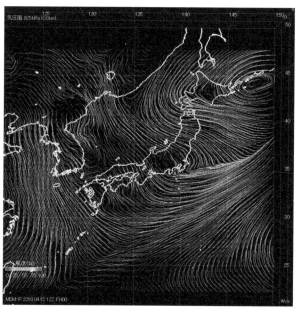

図 1-6-2　925hPa の風向・風速 [2018 年 4 月 15 日 12:00UTC]

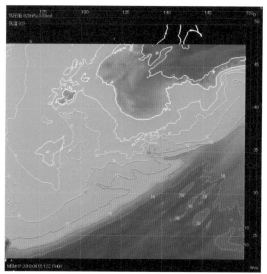

図 1-6-3　925hPa の気温

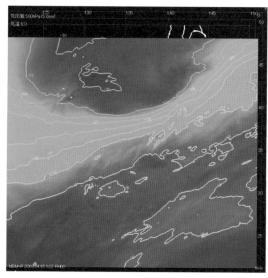

図 1-6-4　500hPa の気温

前線面とジェット気流のつながり

　「形状」の「相当温位 [1]」をチェックし、スライダの値を 318(K) にしてください。暖かい気団と冷たい気団の境目である前線面が表示されます。台湾付近から北海道沖にかけて前線が長くのび、上空に前線面が斜めに広がっています。

　「形状」の「風速」をチェックし、スライダの値を 100(kt) にしてください。100kt すなわち 50m/s の等風速面が表示されます。これはジェット気流です。暖かい気団と

冷たい気団が接する前線面の上には、ジェット気流が吹いています。このように、前線面とジェット気流には、密接なつながりがあるのです。

見える化のポイント

- 前線面は性質が異なる気団の境界です。
- 地上の前線は、上空では前線面として広がっています。
- 暖気と寒気が接する大規模な前線面の上には、ジェット気流が吹いています。

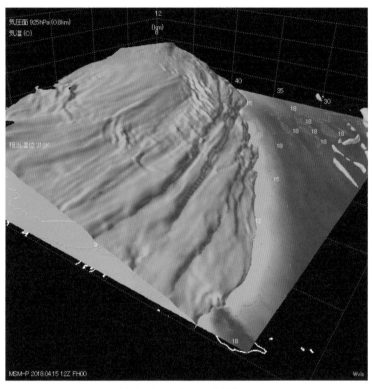

図 1-6-5　318K の等相当温位面 (前線面)

コラム：相当温位
温位は、気温と位置エネルギー (高さ) から求まる値です。相当温位は、水蒸気が凝結するときの潜熱を温位に加えたもので、空気の性質を表している数値です。前線面は異なる性質の空気が接しているところなので、そこでは相当温位の値が急激に変わります。天気図で表現すると、前線のところで等相当温位線が密集しています。立体的に表現すると、前線面のところで等相当温位面が接近しています。 　ここでは、Wvis で等相当温位面を表示し、前線面として表現しています。相当温位は日常生活になじみが薄い数値で、はじめのうちはその意味するところを難しく感じるかもしれません。しかし、さまざまな気象現象の相当温位を可視化すると、その表現豊かな姿に驚かされます。ひきつづき Wvis で相当温位を可視化し、気象現象の立体的な姿を発見してください。

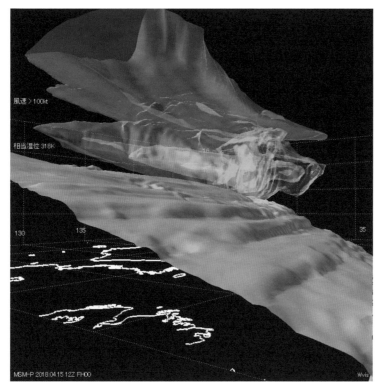

図 1-6-6　318K の等相当温位面と 100kt の等風速面 (前線面とジェット気流)

1.7.　梅雨前線

暖湿気と寒気・乾気の長大な壁

　梅雨前線は、晩春から夏にかけて、中国から日本の東にのびる停滞前線です。西〜東方向に、1 万キロにもおよぶ長さになることもあります。日本の東側では梅雨前線の南北の気温の差が大きく、西側では水蒸気量の差が大きいと言われています。気温が高いほど、または湿っているほど相当温位の値が大きくなるので、等相当温位面を使うことで気温と水蒸気量の差をあわせて評価することができます。ここでは相当温位の変化に注目して、梅雨前線を可視化してみましょう。

　つぎのファイルをダウンロードしてください。

・初期時刻：2018 06 06 12:00UTC、MSM 気圧面

　図 1-7-1 は同じ日時の地上天気図です。停滞前線である梅雨前線が、西から東に長くのびています。

　ダウンロードしたファイルを「ファイル」メニュー、「MSM 気圧面ファイルを開く」で開いてください。

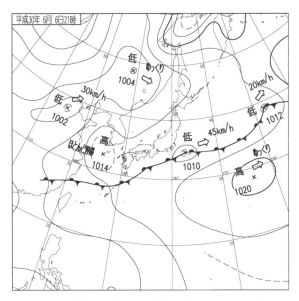

図 1-7-1　地上天気図(速報天気図) [2018 年 6 月 6 日 12:00UTC]

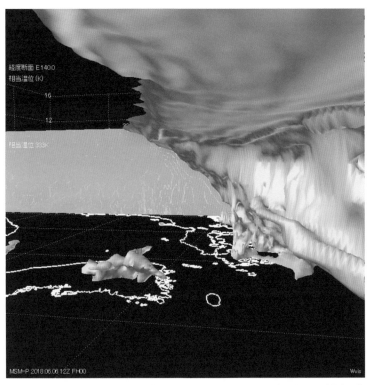

図 1-7-2　333K の等相当温位面と東経 140 度断面の等相当
温位線 [2018 年 6 月 6 日 12:00UTC]

Z__C_RJTD_20180606120000_MSM_GPV_Rjp_L-pall_FH00-15_grib2.bin

　マウスで視点を動かして、日本上空を西側から眺めてみます。「断面」の「等温線」「値」
「コンター図」をそれぞれチェックしてください。断面の方向は「経度」が選ばれてい

ます。初期状態で東経のスライダは 135.0(度)、断面に表示する要素は「風速」になっています。スライダの値を 140.0(度)、表示する要素に「相当温位」を選んでください。東経 140 度の断面の等相当温位線が表示されます。赤色になるほど相当温位の値が高いことを表しています。色が赤から黄色・緑色と変化しているところは、相当温位の値が大きく変化している領域です。前線面はこのあたりになります。

　「形状」の「相当温位 [1]」をチェックし、スライダの値を 333(K) にしてください。333K の等相当温位面が表示されました。これが西から東に壁のようにのびる停滞前線、梅雨前線を表しています。

　「形状」の「露点差」をチェックしてください。スライダの値は 1.2(℃) になっています。露点差とは、気温と露点温度の差です。湿数ともいいます。露点差の値が小さいということは、気温と露点温度の値が近い、つまり空気が湿っていて雲ができている可能性があります。これは、梅雨前線付近の雲の広がりを表現しています。

暖湿気の流入

　つぎに、太平洋高気圧と梅雨前線の関係を確認してみましょう。「気圧面」の気圧 850(hPa) のボタンをクリックし、「風向・風速 (矢印)」をチェックしてください。

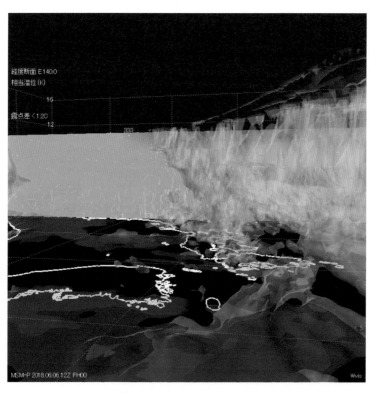

図 1-7-3　1.2℃未満の露点差と東経 140 度断面の等相当温位線

850hPa 等圧面の風向・風速が表示されます。矢印の大きさは「大」を選び、「アニメーション」をオンにしてください。日本の南東側に注目すると、太平洋を中心に矢印が大きく時計回りに動いています。地上天気図における、太平洋上の高気圧による時計回りの風です。この太平洋高気圧の周りである縁辺を通って、南〜南西の風が日本付近に流れ込んでいることがわかります。

　「断面」の「高度」を選び、「コンター図」をチェックしてください。表示する要素に「相当温位」を選びます。先ほど表示した 850hPa 等圧面の風向・風速とあわせて、相当温位の値を表す高度方向の断面が表示されます。日本の南から南西の風によって、相当温位の高い空気、すなわち暖かく湿った空気が流れ込んでいることがわかります。なお、「コンター図」に加えて、「等値線」と「値」をチェックすると、相当温位のより詳細な分布を調べることができます。

太平洋高気圧と梅雨前線

　「気圧面」の気圧 500(hPa) のボタンをクリックし、「等高線」と「値」をチェックしてください。500hPa 等圧面における等高度線が、60m 間隔で描かれます（図 1-7-6）。この図において、5880m の等高線は太平洋高気圧の勢力範囲を表しています。梅雨前線は、500hPa 等圧面でおおむね 5880m と 5820m の等高線の間に位置します。この後、季節が進み夏に向かうにつれて太平洋高気圧の勢力が広がり、5880m の等高線が北上していきます。それにともなって、梅雨前線が北上して梅雨明けに向かいます。

見える化のポイント

- 梅雨前線は西〜東にのびる長大な停滞前線で、南側と北側で相当温位の値が大きく異なっています。
- 梅雨前線の南側から、相当温位の値の高い暖湿気が流入しています。
- 500hPa 等圧面において、5880m 等高線は太平洋高気圧の勢力の範囲を表しています。

コラム：下層ジェットと湿舌

　梅雨前線の南側の下層に吹く南西の強風を、下層ジェットといいます。また、下層ジェットによって高相当温位の気流が舌状に流れ込むことを湿舌といい、集中豪雨と関連があります。

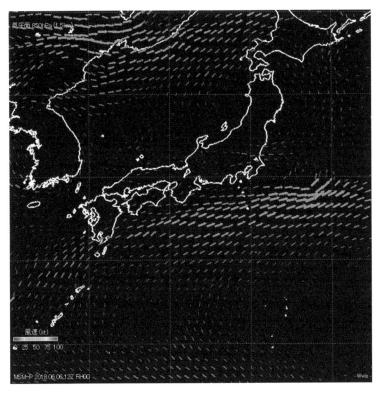

図 1-7-4　850hPa の風向・風速

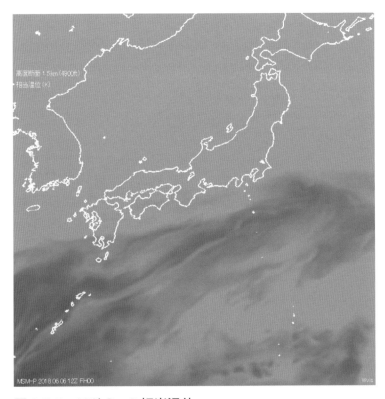

図 1-7-5　850hPa の相当温位

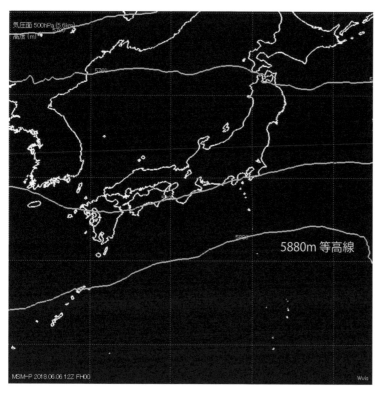

図 1-7-6　500hPa の等高線 (5880m の等高線は太平洋高気圧の勢力範囲を表す)

1.8.　熱帯低気圧 (台風)

　熱帯低気圧は、熱帯または亜熱帯で発生する低気圧です。熱帯低気圧のうち、中心付近の最大風速が 34kt(17.2m/s) 以上になると台風になります。台風の他にハリケーンやサイクロンがありますが、これらは発生場所の違いによるもので、すべて熱帯低気圧です。ここでは、史上最強クラスと言われた 2019 年台風 19 号を可視化してみましょう。台風 19 号は 10 月 12 日 に大型で強い勢力で伊豆半島に上陸し、その後関東地方を通過しました。そして、広い範囲で大雨、暴風をもたらしました。報道では、北陸新幹線が車両基地で浸水した映像が取り上げられました。

　つぎの 2 つのファイルをダウンロードしてください。

・初期時刻：2019 10 11 12:00UTC、MSM 気圧面

コラム：天気図と Wvis
この本では、Wvis を操作することで気象現象の立体構造を把握することに主眼を置いています。そのため、掲載する天気図は地上天気図のみとし、高層天気図や断面図は掲載しませんでした。なお、Wvis は気象現象の立体構造をイメージすることを目的としたもので、詳細な気象情報が得られる天気図に代わるものではありません。

・初期時刻：2019 10 11 12:00UTC、MSM 地上

図 1-8-1 は同じ日時の地上天気図です。台風 19 号が時速 20km で北北西に進んでいます。

ダウンロードした MSM 気圧面ファイルを「MSM 気圧面ファイルを開く」で、MSM 地上ファイルを「MSM 地上ファイルを開く」で、それぞれ開いてください。

Z__C_RJTD_20191011120000_MSM_GPV_Rjp_L-pall_FH00-15_grib2.bin

Z__C_RJTD_20191011120000_MSM_GPV_Rjp_Lsurf_FH00-15_grib2.bin

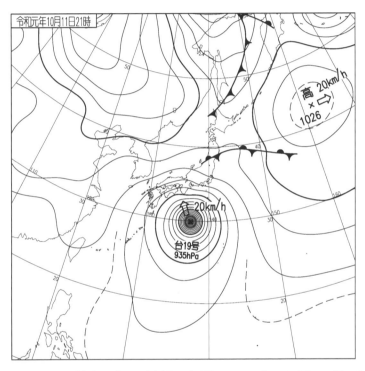

図 1-8-1　地上天気図(速報天気図) [2019 年 10 月 11 日 12:00UTC]

台風の中心付近の風

「気圧面」の「風向・風速(流線)」をチェックしてください。初期状態では 925hPa、高度約 800m の風の様子が流線で表示されます。「アニメーション」をチェックすると、風向・風速に応じて、流線が動きます。台風の中心を取り巻いて、同心円状に風が吹いています。周囲の気流が反時計回りに渦を巻きながら、中心付近に近づいていきます。回転半径が小さくなってくると曲率が大きくなり、外向きの遠心力が強く働くようになります。すると、自分自身の遠心力のために、気流はあるところから内側には入り込むことができません。この中心が台風の眼の部分で、風が弱くなり

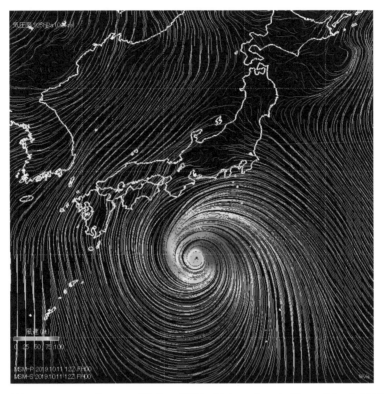

図 1-8-2　925hPa の風向・風速 [2019 年 10 月 11 日 12:00UTC]

ます。

　台風の周囲はかなり広い範囲で強い風が吹いていますが、特に台風の中心の右側の流線がより赤く、すなわちより風速が大きくなっています。台風は低気圧ですから、下層の風は低気圧性回転で反時計回りに吹いています。この回転に台風自身が移動する速度が加わり、一般に、台風の進行方向の右側は風速がより大きくなります。このため、台風の進行方向右側を危険半円、左側を可航半円といいます。

　このことを確認してみましょう。「形状」の「風速」をチェックします。「風速」には上下２つのチェックボックスがありますが、ここでは下側のチェックボックスのみをチェックしてください。スライダの値は 90(kt) にします。緑色の曲面が 90kt 以上の等風速面で、台風の進行方向右側に、より風の強い領域が分布していることがわかります。

熱帯低気圧の発生とエネルギー

　熱帯低気圧が発生・発達するときのエネルギーは、海上の湿った空気が蒸発する際の潜熱です。潜熱は水蒸気が凝結することによって生み出されます。そのため、台風は海面上で、かつ水温の高い海域でないと発生しません。

25

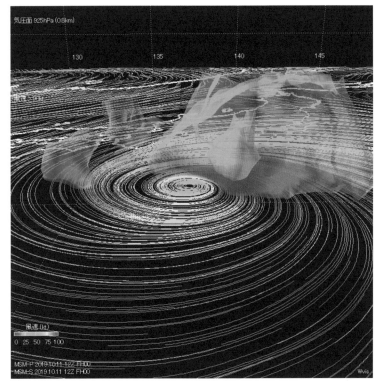

図 1-8-3　90kt の等風速面

　「形状」の「相当温位 [2]」をチェックし、スライダの値を 348(K) にしてください。
348K 以上の相当温位の領域が、オレンジ色で表示されました。これは、台風の中心付
近に相当温位の高い気流が、すなわち暖湿気が流れ込んでいることを示しています。な
お具体的には、348K、351K、・・・、363K と、3K ごとに 6 つの面の等相当温位面を、
半透明で重ねて表示しています。

　つぎに、「断面」の「経度」を選び、「等値線」「値」「コンター図」をチェックして
ください。初期状態で東経のスライダは 135.0(度)、表示する要素は「風速」になっ
ています。スライダの値を 137.0(度) にしてください。台風の中心付近、東経 137.0
度の断面の等風速線が表示されます。図 1-8-5 は、日本の南側を東からの視点で眺めた
ものです。台風の眼がある中心付近は風速が小さく、その両側の下層の部分に風速のピー
クがあることがわかります。

　断面に表示する要素に「気温」を選んでください。東経 137.0 度の断面の等温線が
表示されます。図の中央部で、等温線が上に盛り上がっています。さらに、「形状」の
「気温 [1]」をチェックし、スライダの値を 20(℃) にしてください。上に凸になった等
温面が表示されます。台風の中心付近は、潜熱の放出や、空気の下降による断熱昇温で
温度が高くなります。これを暖気核と言い、周辺に比べて温度が高い領域です。等温線

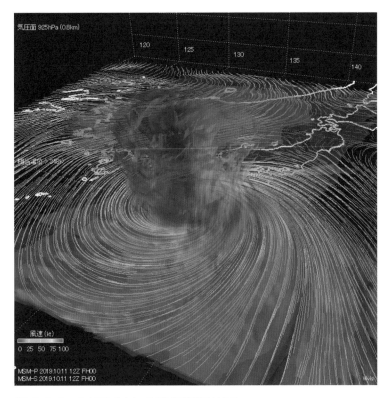

図 1-8-4　348K 以上の等相当温位面

の盛り上がりは、台風の中心周辺の暖気核の存在を表しています。

眼の壁雲とスパイラルバンド

　「形状」の「露点差」をチェックしてください。スライダの値は初期状態で 1.2℃になっていて、気温と露点温度の差がこの値未満の領域を乳白色で表示しています。特に台風の眼の周囲は高いところまで乳白色になっていますが、これは台風の眼の周囲で風が激しく収束し、上層まで対流雲が発達していることを表しています。眼の壁雲と呼ばれます。眼の壁雲の外側では、台風の周囲から反時計回りに気流が流れ込んでいます。渦を巻きながら収束していて、対流雲がらせん状に発達している様子が表現されています。これをスパイラルバンドといいます。台風が接近するときは雨が強くなったり弱くなったりすることがありますが、これはスパイラルバンドの雲の分布によるものです。

台風の進路

　台風の進路を決める大きな要因は、太平洋高気圧とジェット気流です。熱帯〜亜熱帯で発生した熱帯低気圧は、偏東風により西方向へ流されていきます。やがて発達し、そのうちのいくつかが北上を始めます。太平洋高気圧の縁辺に沿って、大きく時計回り

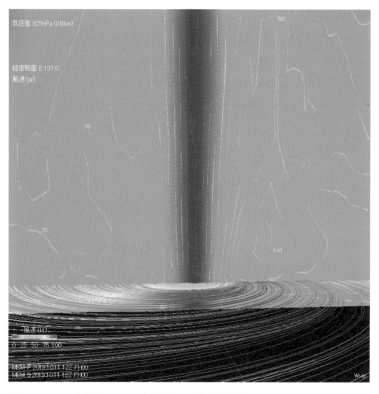

図 1-8-5　東経 137.0 度断面の等風速線

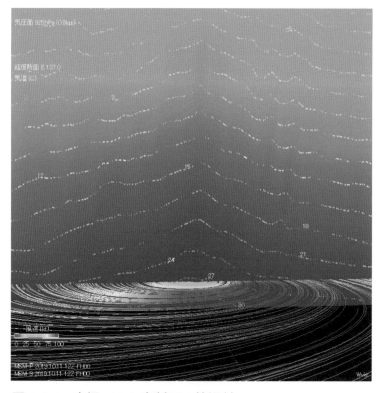

図 1-8-6　東経 137.0 度断面の等温線

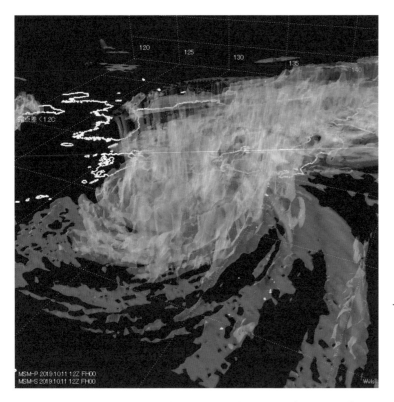

図 1-8-7　1.2℃未満の露点差（眼の壁雲とスパイラルバンドを表す）

図 1-8-8　500hPa の風向・風速と高度（5880m の等高線は太平洋高気圧の勢力範囲を表す）

に移動していきます。太平洋高気圧の張り出し具合によって、台風の進路は大きく変化します。おおむね対流圏の中層である 500hPa の風が、台風の進路の目安になります。これを指向流といいます。この指向流を可視化してみましょう。先ほどの等相当温位面 348K を表示します。「気圧面」の「気圧」を 500hPa にしてください。「風向・風速 (矢印)」をチェックします。これが 500hPa の高度の風、指向流です。

つぎに、同じく「気圧面」の「等高線」と「値」をチェックしてください。ここで 5880m の等高線が、太平洋高気圧の勢力の範囲になります。台風は一般に、この等高線の縁辺を進んでいきます。

さらに北上して偏西風帯になると、台風は進路を東よりに変え始めます。進路を変える場所を転向点といいます。やがてジェット気流のところへ到達すると、さらに向きを東に変えます。そして、ジェット気流に乗って加速していきます。ジェット気流と台風との位置関係を可視化してみましょう。「形状」の「風速」をチェックします。今回は、風速の上下 2 つのチェックボックスをチェックしてください。スライダの値は 80(kt) にします。緑色の曲面が 80kt 以上の等風速面で、ジェット気流を表しています。

ジェット気流の位置は、その時々で変わります。ジェット気流が南下しているよう

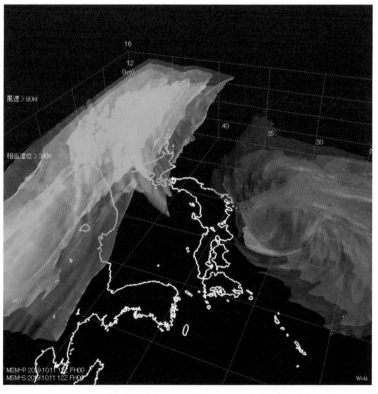

図 1-8-9　80kt の等風速面と 348K 以上の等相当温位面 (ジェット気流と台風の中心付近との位置関係を表す)

な場合は台風は西風に乗るように北東方向へ加速していきますが、今回のように高緯度にあるときは台風がなかなかジェット気流に乗ることができず、ノロノロとゆっくり進んで同じ場所に長い時間降水をもたらすことになります。

降水量の予測

　ここまで可視化してきたのは、2019 年 10 月 11 日 12:00UTC の MSM の初期値です。「時間 [FT]」のスライダの値を +00(H) から +03(H) に変更してください。データを再計算するのにしばらく時間がかかります。計算が終わって画像が切り替わると、12:00UTC から 3 時間後の予想、15:00UTC の表示になります。こうしてから、「地上」の「降水量」をチェックしてください。1 時間あたりの降水量の予想が、立体グラフで表示されます。さらに、「形状」の「露点差」をチェックしてください。雲域と降水量の位置関係を評価することができます。

　つぎに、「形状」の「上昇流」をチェックしてください。赤紫色の領域が、強い上昇流域を表しています。風が収束すると上昇流が生まれます。上昇した空気は凝結して雲ができ、降水につながりますが、これら一連の関係を可視化することができました。

温帯低気圧化

　台風 19 号は、10 月 13 日 12 時に日本の東で温帯低気圧に変わりました (図 1-8-12)。この時の様子を可視化してみましょう。

　つぎのファイルをダウンロードしてください。

・初期時刻：2019 10 13 03:00UTC、MSM 気圧面

　ダウンロードしたファイルを「ファイル」メニュー、「MSM 気圧面ファイルを開く」で開いてください。

　Z__C_RJTD_20191013030000_MSM_GPV_Rjp_L-pall_FH00-15_grib2.bin

　「気圧面」の「風向・風速 (流線)」をチェックして、925hPa の風向・風速を表示し

コラム：MSM における上昇流・下降流
MSM 気圧面ファイルでは、上昇流と下降流の単位は hPa/H になっています。上下方向の速度を、1 時間あたりの気圧 (すなわち高度) の変化で表したものです。鉛直 p 速度と呼ばれます。ここで、上向きの速度はマイナス、下向きの速度はプラスになっています。上向きがマイナスの値というのは違和感があるかもしれません。高度を気圧で表す場合、高度が高くなるほど気圧の値は小さくなります。そのため、上昇流の速度はマイナス、下降流の速度はプラスで表現されます。

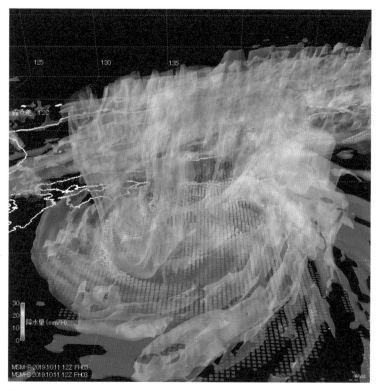

図 1-8-10　　1.2℃未満の露点差と降水量

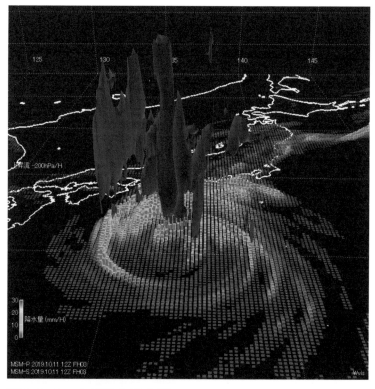

図 1-8-11　　上昇流と降水量

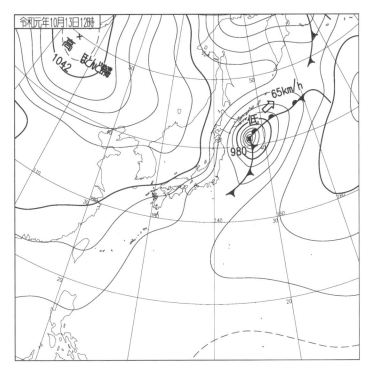

図1-8-12　地上天気図(速報天気図) [2019 年 10 月 13 日 03:00UTC]

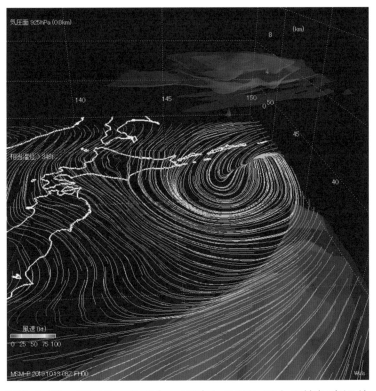

図1-8-13　925hPa の風向・風速と348K 以上の等相当温位
面 [2019 年 10 月 13 日 03:00UTC]

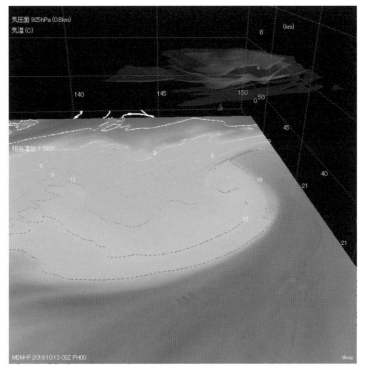

図 1-8-14　925hPa の気温

てください。低気圧の周囲に反時計回りの風が吹いていますが、その渦の形が同心円状からかなり変形しています。「形状」の「相当温位 [2]」をチェックし、348(K) の等相当温位面を表示してください。下層の相当温位が高い部分はなくなり、台風の中心付近の構造が崩れてしまっています。

　つぎに、「気圧面」の「等温線」「値」「コンター図」をチェックしてください。

コラム：MSM における降水量
降水量は定められた時間に降る雨の量です。MSM 地上ファイルでは、過去 1 時間あたりの降水量のデータになっています。先ほど、降水量の立体グラフを表示する際、時間を初期値から 3 時間後にしました。初期値の時間については降水量のデータが含まれていないためです。Wvis では、MSM の「時間 [FT]」の値が +00(H) の時は、降水量をチェックできないようにしています。 　なお、MSM 気圧面ファイルは 3 時間ごとのデータですが、MSM 地上ファイルは 1 時間ごとのデータです。Wvis では、MSM 気圧面ファイルの表示時間と、MSM 地上ファイルの表示時間とは独立しています。したがって、MSM 気圧面ファイルは初期値の時間を表示し、MSM 地上ファイルの降水量は 1 時間後の予想を表示する、といったことも可能です。そのためには、ユーザーインターフェイスの拡張メニューを開く「>>」をクリックして画面を広げ、下のほうにある「地上」の「時間 [FT]」のスライダを操作します (図 2-1-6 参照)。

925hPa の気温が表示されます。北からの寒気が低気圧の中心に入り込み、熱帯低気圧から温帯低気圧に構造が変わっていることを示しています。この変化が温帯低気圧化です。

見える化のポイント

- 台風は潜熱をエネルギーとして発生・発達します。周囲から相当温位の値の高い暖湿気が流入しています。中心付近には温度の高い暖気核が存在します。
- 周囲の風は低気圧性回転で、反時計回りの風が吹いています。
- 中心には台風の眼があります。台風の眼では雲がない、または雲の高さが低くなっています。
- 台風の眼の周りには眼の壁雲があり、高い雲が連なっています。その外側にはスパイラルバンドがあり、積乱雲の列がらせん状に取り巻いています。
- おおよそ 500hPa の高度の風、指向流が台風の進路の目安になります。
- 台風の進路に大きな影響を与えるのが、太平洋高気圧とジェット気流です。

1.9. 温帯低気圧

1.9.1. 温帯低気圧の発生・発達・衰弱

　温帯低気圧は、温帯で発生する低気圧です。日本語で単に低気圧といったときは、温帯低気圧のことを意味します。それでは、温帯低気圧がどのように発生、発達するかを見ていきましょう。ここでは、上空の気圧の谷、トラフと地上の低気圧の関係に注目します。図 1-9-1 において、実線で描かれたものは地上の様子を、点線は上空の様子 (たとえば 500hPa) を表しています。

① 高緯度側に寒気、低緯度側に暖気があり、それらの境目に停滞前線があります。そこへ、上空のトラフが近づいてきました。上空 500hPa では、西から東へ進む速度は地上の 2 倍ほどになります。

② 上空のトラフが、さらに地上の停滞前線に近づいてきました。トラフの後面には下降気流があります。この上空から吹き降りる寒気が、地上の停滞前線を北側から押す力になります。寒気に押されて停滞前線が進み始め、寒冷前線に変化しました。その動きに引きずられ、停滞前線の東側は暖気の力を受けるようになります。こうして温暖前線に変化しました。温帯低気圧が発生します。

③ 上空のトラフが、ますます近づいてきました。寒冷前線と温暖前線は「く」の字

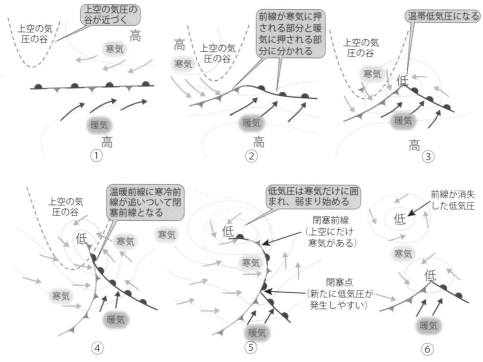

図 1-9-1　温帯低気圧の発生・発達・消滅（「METAR からの航空気象」鳳文書林出版販売、2020）

に曲がり、トラフ後面からの下降気流は、さらに寒冷前線を押すようになります。南からの暖気は、温暖前線面を滑昇していきます。そして上空では、トラフ前面の発散域に流れ込みます。前線が屈曲したことで周囲の風が回転し、中心の気圧が低下してきました。低気圧が発達していきます。

④　上空のトラフが、地上の低気圧に追いついてきました。寒冷前線が温暖前線に追いつき、閉塞が始まります。

⑤　上空のトラフが、地上の低気圧の中心の真上にきました。閉塞前線がのびていきます。地上の暖気は上空に上がり、閉塞前線の前面も後面も寒気になりました。前面も後面も寒気ですが、その勢力や温度に違いがあるので、まだ閉塞前線として維持されています。

⑥　やがて、閉塞前線前面の寒気と、後面の寒気との性質の違いが解消されてきました。すると地上の閉塞前線は消滅します。

　以上が、温帯低気圧の一生を表現したモデルです。温帯低気圧が発生・発達するときのエネルギーは、温度の差です。寒気と暖気が接している、そこへ上空のトラフが近づいてくることで発生します。温帯低気圧が発達するとき、上空のトラフ後面の収束域を下降した寒気は地上の寒冷前線へ、温暖前線面を昇った暖気はトラフ前面の発散域へ

流れ込んでいます。上空のトラフと地上の低気圧とが、それぞれ下降気流と上昇気流によって結合し、おたがいに強めあっているのです。

1.9.2. 南岸低気圧

つぎに、日本付近で発生・発達する温帯低気圧を可視化して、その種類による特徴の違いを理解しましょう。

南岸低気圧と関東の雪

関東地方に雪をもたらす気圧配置で、代表的なものが南岸低気圧です。図 1-9-2 は 2013 年 1 月 13 日〜 1 月 14 日の地上天気図です。日本列島の南側を、低気圧が発達しながら通過しています。この発達中の低気圧によって、広い範囲で降雪がありました。アメダスの観測結果によると、関東では全般的に北よりの風でした。気温は＋ 1℃を下回る地点が多く、東京では 8cm の積雪が観測されています。首都高速道路が通行止めとなり、全線開通までに 3 日間ほどかかりました。このように、冬季の南岸低気圧は関東地方に降雪をもたらし、交通機関に大きな影響を与えることがあります。

つぎのファイルをダウンロードしてください。

・初期時刻：2013 01 14 06:00UTC、MSM 気圧面

ダウンロードしたファイルを「ファイル」メニュー、「MSM 気圧面ファイルを開く」で開いてください。

Z__C_RJTD_20130114060000_MSM_GPV_Rjp_L-pall_FH00-15_grib2.bin

「気圧面」の「風向・風速 (矢印)」をチェックして、925hPa の風向・風速を表示します。低気圧の周囲で反時計回りの風が吹いていますが、天気図の寒冷前線に相当する場所付近で、特に強く風が収束していることがわかります。

「形状」の「相当温位 [1]」をチェックし、321 (K) の等相当温位面を表示してください。この等相当温位面は、おおむね前線面の位置になります。温帯低気圧の中心から南東方向、つまり低気圧の前面側に位置するのが温暖前線です。温帯低気圧の中心から南西方向、低気圧の後面側に位置するのが寒冷前線です。寒冷前線面は傾きが大きい、すなわちより垂直に近い角度になっています。温暖前線面は緩やかな角度になっています。温暖前線と寒冷前線の間の領域では南西の風が吹き、寒冷前線の後面では北西の風が吹いています。

「形状」の「風速」をチェックし、スライダの値を 130 (kt) にしてください。前線面

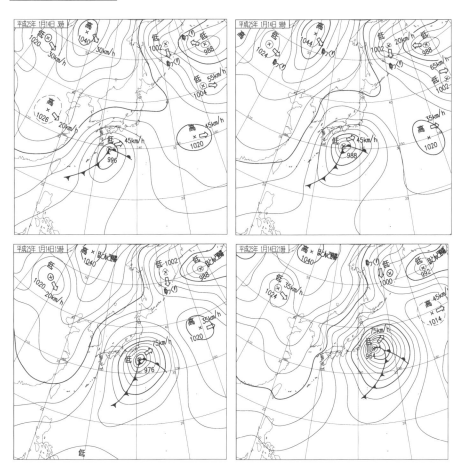

図 1-9-2　地上天気図(速報天気図)[2013年 1 月 13 日 18:00UTC 〜1 月 14 日 12:00UTC]

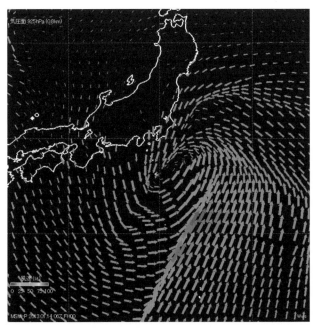

図 1-9-3　925hPa の風向・風速 [2013 年 1 月 14 日 06:00UTC]

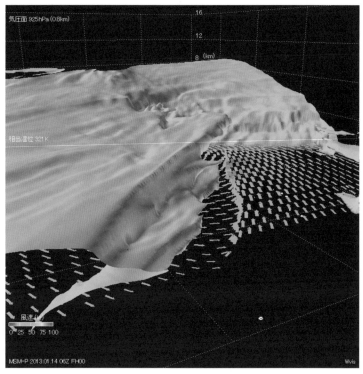

図 1-9-4　321K の等相当温位面 (前線面)

のふちに、ジェット気流が表現されました。ジェット気流が低緯度側に凸になって蛇行している部分、これが上空のトラフになります。

　つぎは、南岸低気圧による降雪に関連して、気温に注目します。特定の気圧面における等温線は、「気圧面」の「等温線」と「コンター図」をチェックすることで表示できます。ここでは別の方法として、「断面」の「高度」を選び、「等値線」「値」と「コンター図」をチェックしてください。表示する要素に「気温」を選ぶと、初期状態では 925hPa(約 0.8km) の等温線が表示されます。さらに、「>>」ボタンをクリックし、Wvis のユーザーインターフェイスを広げて拡張メニューを表示すると、「気温コンター図自動配色」にチェックがついています (図 2-1-4 参照)。これは、データに応じて自動的にコンター図の配色を調整するものですが、場合によっては特定の温度範囲を強調するために、配色を変更したい場合があります。そこで、「気温コンター図自動配色」のチェックを外し、「最小値 [青]」を－ 3℃に、「最大値 [赤]」を 24℃にしてください。図 1-9-6 のように、0℃付近の気温が青色で表示されたコンター図になります。これは、南岸低気圧周辺の風により、関東地方に北東からの寒気が流れ込んでいる様子を表現しています。この寒気によって地上付近の気温が低下し、降雪につながりました。

図 1-9-5　130kt の等風速面と 321K の等相当温位面 (ジェット気流と前線面との位置関係を表す)

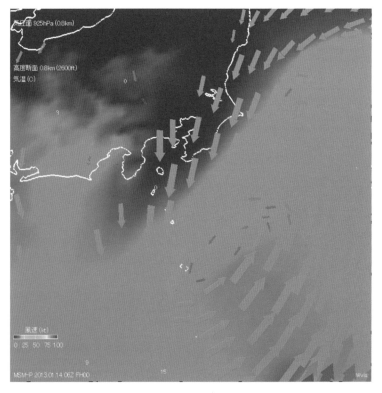

図 1-9-6　925hPa の気温 (気温コンター図配色：最小値－3℃、最大値 24℃)

1.9.3. 日本海低気圧

日本海低気圧と春の嵐

　黄海や東シナ海で発生し、発達しながら日本海を進む低気圧を日本海低気圧といいます。低気圧の中心に向かって日本列島には強い南よりの風が吹き、春の嵐をもたらすことがあります。

　図1-9-7は、2012年4月2日〜4月3日の地上天気図です。日本海低気圧が、発達しながら東北東へ進んでいます。低気圧の中心から寒冷前線がのび、西日本から東北にかけて通過しています。このため広い範囲で記録的な暴風となり、海上では大しけとなりました。

　つぎのファイルをダウンロードしてください。

・初期時刻：2012 04 03 06:00UTC、MSM気圧面

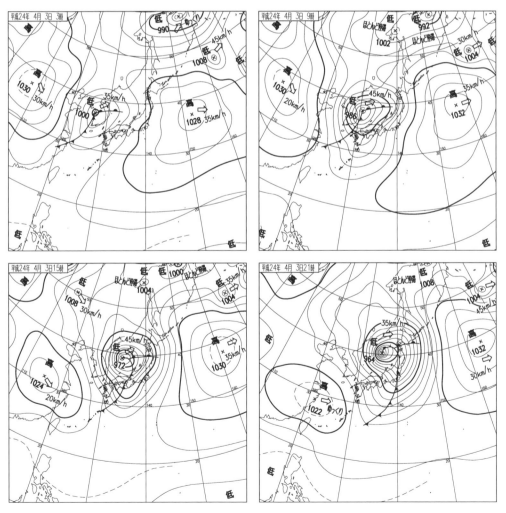

図1-9-7　地上天気図(速報天気図) [2012年4月2日18:00UTC 〜4月3日12:00UTC]

　ダウンロードしたファイルを「ファイル」メニュー、「MSM 気圧面ファイルを開く」で開いてください。

　Z__C_RJTD_20120403060000_MSM_GPV_Rjp_L-pall_FH00-15_grib2.bin

　「気圧面」の「風向・風速 (矢印)」をチェックして、925hPa の風向・風速を表示します。日本海に中心がある低気圧に向かって、広い範囲で南よりの強い風が吹いています。

　「断面」の「高度」を選び、「等値線」「値」「コンター図」をそれぞれチェックしてください。表示する要素に「気温」を選び、925hPa の等温線を表示します。拡張メニューを開く「>>」ボタンをクリックし、「気温コンター図自動配色」のチェックを外します。「最小値 [青]」を− 30℃に、「最大値 [赤]」を 18℃にしてください。コンター図の赤色が特に高温の領域を表していて、この高度において気温 12 〜 15℃の暖かい気流が流れ込んでいることがわかります。この暖かくて強い風が、春の嵐をもたらしました。

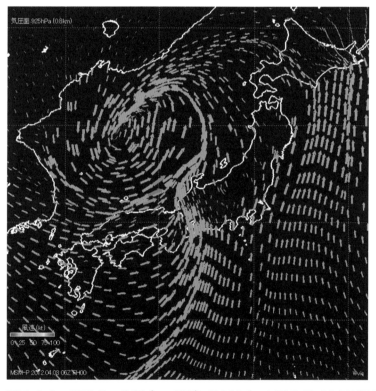

図 1-9-8　925hPa の風向・風速 [2012 年 4 月 3 日 06:00UTC]

コラム：春一番

　春一番という言葉を聞きますが、これは立春から春分までの間に、広い範囲で初めて吹く、暖かく強い南よりの風のことです。春一番となる細かい基準は地域により異なりますが、これらは日本海低気圧によってもたらされます。

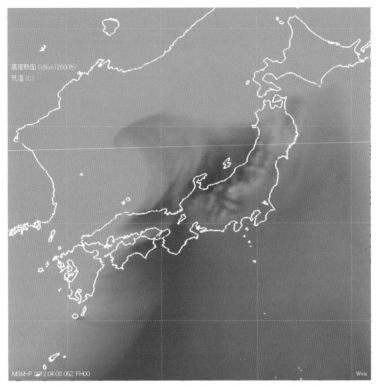

図 1-9-9　925hPa の気温 (気温コンター図配色：最小値－30℃、
最大値 18℃)

1.9.4.　二つ玉低気圧

　日本列島の南岸側と日本海側を、同じようなタイミングで進んでいく 2 つの低気圧を二つ玉低気圧といいます。日本列島の広い範囲に悪天をもたらします。

　図 1-9-10 の天気図は、二つ玉低気圧の事例です。2014 年 3 月 4 日～3 月 5 日にかけて、日本列島を挟むように、2 つの低気圧が発達しながら東～北東に進んでいます。3 月 6 日の時点では、これらの低気圧が日本の東海上に進み、2 つの低気圧が接近して、やがて一つにまとまっています。このように、二つ玉低気圧は通過した後も一つの低気圧としてさらに発達し、日本列島に影響を与えることがあります。

　それでは、この事例を可視化してみましょう。つぎのファイルをダウンロードしてください。

・初期時刻：2014 03 05 00:00UTC、MSM 気圧面

　ダウンロードしたファイルを「ファイル」メニュー、「MSM 気圧面ファイルを開く」で開いてください。

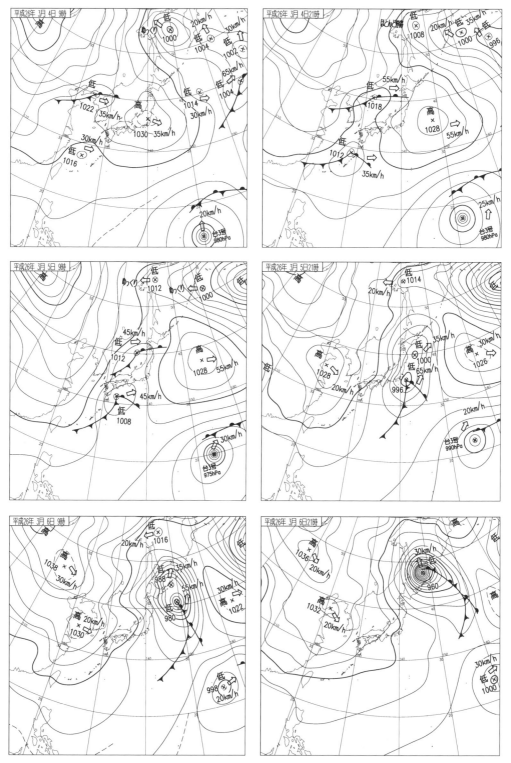

図 1-9-10　地上天気図(速報天気図)[2014 年 3 月 4 日 00:00UTC ～3 月 6 日 12:00UTC]

Z__C_RJTD_20140305000000_MSM_GPV_Rjp_L-pall_FH00-15_grib2.bin

　「気圧面」の「風向・風速 (矢印)」をチェックして、925hPa の風向・風速を表示します。わかりやすくするために、矢印の大きさを「大」にしました。四国の南に反時計回りの渦が見えますが、これが南岸側の低気圧です。さらに日本海にも反時計回りの渦があり、これが日本海側の低気圧です。

　「断面」の「高度」を選び、「等値線」「値」「コンター図」をそれぞれチェックしてください。表示する要素に「気温」を選び、925hPa の等温線を表示します。「>>」ボタンをクリックし、拡張メニューの「気温コンター図自動配色」のチェックを外します。「最小値 [青]」を− 12℃に、「最大値 [赤]」を 12℃にしてください。2 つの低気圧は同じようなタイミングで進んできたものですが、南岸側の低気圧は相対的に暖かい空気の領域に、日本海側の低気圧は冷たい空気の領域にあります。先に述べたように、温帯低気圧が発生・発達するときのエネルギーは温度の差です。この後、温度の異なる南岸側の低気圧と日本海側の低気圧とが接近して一つとなり、さらに発達していくことが予想されます。

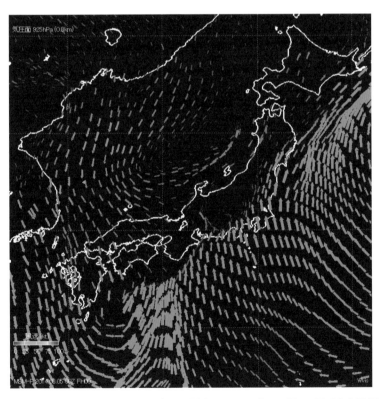

図 1-9-11　925hPa の風向・風速 [2014 年 3 月 5 日 00:00UTC]

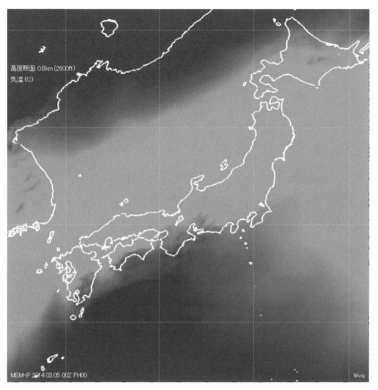

図 1-9-12　925hPa の気温 (気温コンター図配色：最小値−12℃、最大値 12℃)

見える化のポイント

- 南岸低気圧は、日本列島の南側を発達しながら通過する低気圧です。冬季は関東地方に降雪をもたらす原因になります。
- 日本海低気圧は、日本海を発達しながら通過する低気圧です。日本列島には強い南よりの風が吹き、春の嵐をもたらすことがあります。
- 二つ玉低気圧は、日本列島の南岸側と日本海側を 2 つの低気圧が同じようなタイミングで進んでいくものです。日本の東海上に進み、やがて 2 つの低気圧が一つになってさらに発達することがあります。

1.10. 寒冷低気圧

　上空の偏西風の蛇行が大きくなり、やがて振幅が増大したトラフの部分が、偏西風帯から切り離されることがあります。このようにしてできた寒冷な切離低気圧を、寒冷低気圧または寒冷渦といいます。寒冷低気圧は偏西風帯から切り離されているため、その動きが西から東へ一様なものではなく、停滞したり、逆に東から西へ動いたりすることもあります。

　寒冷低気圧の中心付近は空気が寒冷なため、層厚は薄くなります。したがって、等

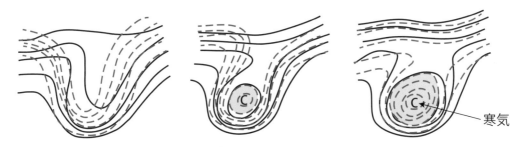

図 1-10-1　切離低気圧の形成過程（「読んでスッキリ！解いてスッキリ！気象予報士実技試験合格テキスト＆問題集」ナツメ社を参考に作成）

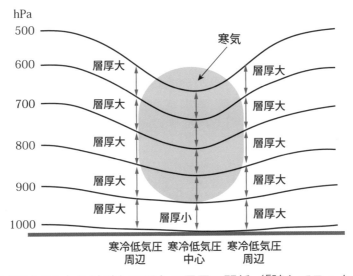

図 1-10-2　寒冷低気圧の中心付近と周囲との層厚の関係（「読んでスッキリ！解いてスッキリ！気象予報士実技試験合格テキスト＆問題集」ナツメ社を参考に作成）

圧面の高さは周囲に比べ低くなります。周囲との等圧面の高さの差は、上層になるほど大きくなっていきます。そのため寒冷低気圧は、対流圏の上層や中層では周囲に比べてより気圧が低く、明瞭な低気圧になっています。それに対し、下層では周囲との気圧差が小さいため、必ずしも明瞭な低気圧ではありません。

　対流圏では周囲に比べて寒冷な寒冷低気圧ですが、圏界面より上、成層圏下部では逆に高温になっています。図 1-10-3 は垂直方向の温度分布を表したもので、圏界面の上に等温線が盛り上がった部分があります。まるで「タコの頭」のような形をしていて、かつそれが傾いています。その様子を可視化してみましょう。つぎのファイルをダウンロードしてください。

・初期時刻：2013 11 18 12:00UTC、GSM 全球域、FD0000

「ビュー」メニュー、「GSM 全球域」をチェックしてください。ビューアーの表示がGSM に切り替わります。なお、GSM データ用のビューアーでは、「高度 [倍率]」が初

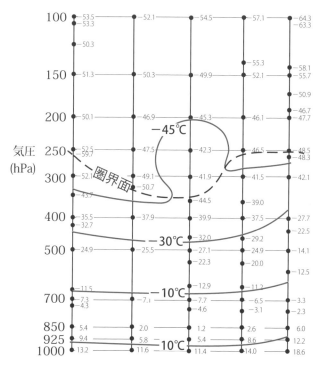

図 1-10-3　寒冷低気圧の中心付近の温度分布（「'15-'16 年版 ひとりで学べる！気象予報士実技試験完全攻略テキスト＆問題集」ナツメ社を参考に作成）

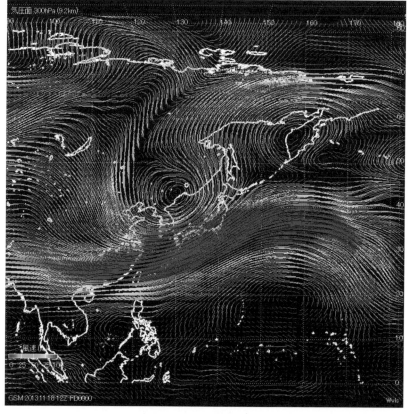

図 1-10-4　300hPa の風向・風速 [2013 年 11 月 18 日 12:00UTC]

期状態で 100 になっています。「ファイル」メニュー、「GSM 全球域ファイルを開く」で、ダウンロードしたファイルを開いてください。

Z__C_RJTD_20131118120000_GSM_GPV_Rgl_FD0000_grib2.bin

「気圧面」の「風向・風速 (流線)」をチェックしてください。気圧 300(hPa) のボタンをクリックし、高度約 9km の風を表示します。「アニメーション」をチェックしてください。トラフの中心付近が偏西風帯から切り離され、渦を巻いている様子が表現されています。

それでは、等圧面の違いによる等高線の変化を見てみましょう。「気圧面」の「等高線」「値」「コンター図」をそれぞれチェックしてください。気圧 925(hPa) のボタンをクリックし、925hPa 等圧面における等高線を表示します (図 1-10-5)。寒冷低気圧の中心付近では、周囲よりも高度が低くなっている様子がわかります。つづいて、気圧 850、・・・、300(hPa) のボタンを順にクリックします。等高線は 60m ごとに表示されていますが、等圧面の高度が高くなるにつれ等高線の間隔が狭くなっています。つまり、周囲との気圧差がより大きくなっていることから、上層ほど低気圧として明瞭になっていることがわかります。

つぎに、気温分布を確認しましょう。「気圧面」の「等温線」「値」「コンター図」をそれぞれチェックしてください。順に、気圧 925、・・・、500(hPa) のボタンをクリックし、それぞれの等圧面における気温分布を表示します。図 1-10-7 は 500hPa 等圧面における等温線を表示したもので、寒冷低気圧の中心付近では、周囲に比べ温度が低くなっていることがわかります。さらに、気圧 300、200(hPa) のボタンをクリックしてください。200hPa 等圧面では気温の分布が逆転し、寒冷低気圧の中心付近では、周囲よりも温度が高くなっていることがわかります。これは、成層圏下部の暖気を表しています。

それではつぎに、高度方向の気温分布と等温面の形状を確認します。「断面」の「等値線」「値」「コンター図」をそれぞれチェックしてください。東経のスライダを動かして 130.0(度) にし、表示する要素に「気温」を選びます。子午線の断面における気温分布が表現されています。図 1-10-9 はビューアーの表示を回転させて、日本上空を西からの視点で眺めたものです。さらに、「形状」の「気温 [1]」をチェックし、スライダを 0℃から順にマイナスの値に変化してみてください。寒冷低気圧の中心付近の位置に注目すると、気温が高い (高度が低い) ところでは等温面が下に凸になっています。つまり、周囲より気温が低い状態です。それに対し、おおむね− 45℃より気温が低い (高度が高い) ところでは、等温面が上に凸になっていて、周囲より気温が高い状態になっ

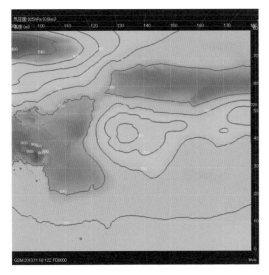

図 1-10-5　925hPa の高度

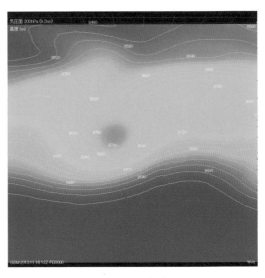

図 1-10-6　300hPa の高度

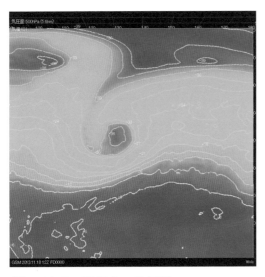

図 1-10-7　500hPa の気温

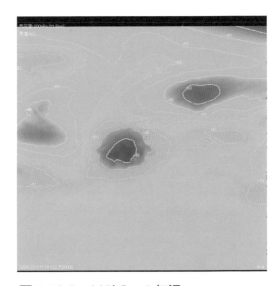

図 1-10-8　200hPa の気温

ています。これが先ほどの「タコの頭」の部分です。図 1-10-10 は西からの視点で眺めていますが、タコの頭が高緯度側、つまり低温側に倒れこんでいる様子がわかります。

見える化のポイント

● 寒冷低気圧は、偏西風帯から切り離された寒冷な切離低気圧です。移動が遅く、停滞したり東から西へ動くこともあり、悪天候を数日間もたらすこともあります。

● 対流圏においては、周囲に比べ中心付近の気温が低く、上層ほど明瞭な低気圧になっています。

● 成層圏下部においては、周囲に比べ中心付近の気温が高くなっています。

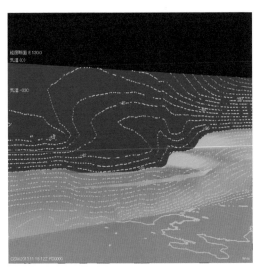 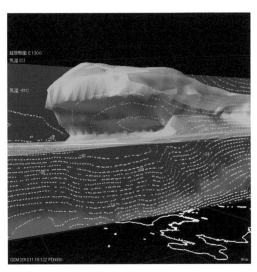

図 1-10-9　東経 130 度断面の気温と－33℃ 　図 1-10-10　－51℃の等温面
の等温面

1.11.　冬型の気圧配置

西高東低型

　冬季のシベリアを中心としたユーラシア大陸上には、寒冷なシベリア高気圧が発生します。このシベリア高気圧がシベリア気団を生み、日本側へ張り出してきます。一方、東側のオホーツク海やアリューシャン列島方面は、海洋上に低気圧が発生しやすくなります。日本列島から見ると西側に高気圧、東側に低気圧、これが冬型の気圧配置である西高東低型です。

　シベリア気団からは、北西風が日本に吹きつけます。この季節風は冷たい乾燥した気流ですが、日本海を吹き抜ける時に加熱され水蒸気が供給されます。日本海は暖流である対馬海流が流れ込んでいて、海水の温度が比較的高いためです。これにより海上で対流雲が発生し、大陸側から積雲や積乱雲の雲の列、筋状の雲となって、日本列島へ到達します。そして日本列島の日本海側に雪や雷をもたらします。

　それでは、西高東低型の気圧配置の事例を可視化してみましょう。つぎの２つのファイルをダウンロードしてください。

・初期時刻：2018 01 26 00:00UTC、MSM 気圧面
・初期時刻：2018 01 26 00:00UTC、MSM 地上

　図 1-11-1 は同じ日時の地上天気図です。等圧線が日本付近で南北に狭い間隔で延びています。

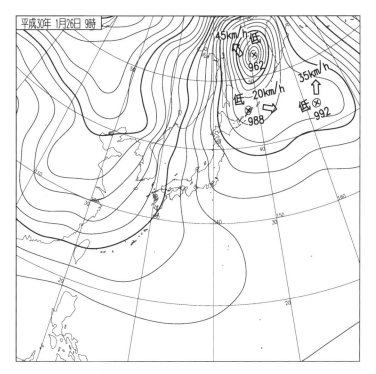

図1-11-1　山雪型：地上天気図(速報天気図) [2018年1月26日00:00UTC]

　ダウンロードしたMSM気圧面ファイルを「MSM気圧面ファイルを開く」で、MSM地上ファイルを「MSM地上ファイルを開く」で、それぞれ開いてください。

　Z__C_RJTD_20180126000000_MSM_GPV_Rjp_L-pall_FH00-15_grib2.bin

　Z__C_RJTD_20180126000000_MSM_GPV_Rjp_Lsurf_FH00-15_grib2.bin

　「地上」の「等圧線」と「値」をチェックし、等圧線を表示します。等圧線の間隔は4hPaごとです。西の大陸側は気圧が高く、東側は気圧が低くなっています。「気圧面」の「風向・風速(矢印)」をチェックして、925hPaの風向・風速を表示します。図では、矢印の大きさを「大」にしています。等圧線とある角度で交わるように、風が吹いています。日本付近は大陸からの北西の風になっています。この北西の風が日本海を吹き抜け、日本列島に雪や雷をもたらしています。

　つぎに、500hPaの気温を可視化します。「断面」の「高度」を選び、「等値線」「値」「コンター図」をそれぞれチェックしてください。表示する要素に「気温」を選び、気圧高度の500hPaをクリックしてください。さらに、拡張メニューを開く「>>」ボタンをクリックし、「気温コンター図自動配色」のチェックを外します。「最小値[青]」を−45℃に、「最大値[赤]」を0℃にしてください。高度5.6km付近の等温線とコンター図が表示されました。この結果は、つぎに説明する里雪型との比較で使います。

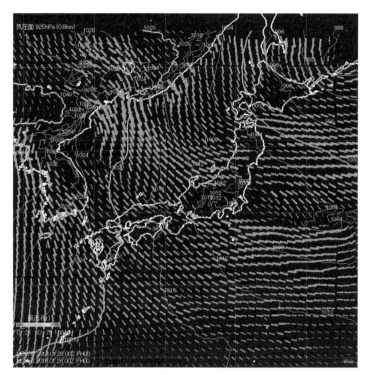

図 1-11-2 　山雪型：地上気圧と 925hPa の風向・風速
[2018 年 1 月 26 日 00:00UTC]

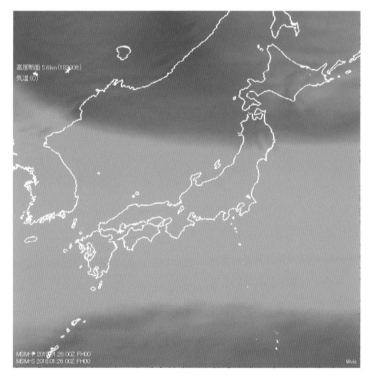

図 1-11-3 　山雪型：500hPa の気温 (気温コンター図配色：
最小値－45℃、最大値 0℃)

山雪型と里雪型

　西高東低型には２つのタイプがあります。日本海付近で等圧線が南北にほぼ並行に延びているタイプが山雪型、先ほど可視化した事例です。強い北西風となり、おもに山沿いや山間部で降雪が多くなります。

　それに対し、冬型の気圧配置がゆるみ始め、日本海付近で等圧線の間隔が比較的広く、一部が曲がっていて袋状に膨らんでいることがあります。この袋状に曲がっているところには、上空に寒気があることを示しています。このタイプを里雪型といい、平野部で降雪が多くなります。それでは、里雪型の事例を可視化してみましょう。つぎの２つのファイルをダウンロードしてください。

- ・初期時刻：2018 01 11 00:00UTC、MSM 気圧面
- ・初期時刻：2018 01 11 00:00UTC、MSM 地上

　図 1-11-4 は同じ日時の地上天気図です。ダウンロードした MSM 気圧面ファイルとMSM 地上ファイルを、それぞれ開いてください。

　Z__C_RJTD_20180111000000_MSM_GPV_Rjp_L-pall_FH00-15_grib2.bin

　Z__C_RJTD_20180111000000_MSM_GPV_Rjp_Lsurf_FH00-15_grib2.bin

　こちらについても、「地上」の「等圧線」と「値」をチェックして、等圧線を表示します。日本海で、等圧線が西側に膨らむように曲がっています（図 1-11-5）。これは低圧部の広がりを表しています。

　500hPa の等温線とコンター図も表示してください。配色については、「気温コンター図自動配色」のチェックを外して、「最小値 [青]」を− 45℃に、「最大値 [赤]」を 0℃にします。さきほどの山雪型の等温線やコンター図と比較すると、この里雪型の事例では日本海の上空により低温の領域が広がっていることがわかります。

　山雪型と里雪型における雪が降る場所の違いは、積乱雲がおもにどこで発達するかによります（図 1-11-7）。山雪型の場合、大陸から吹き出した寒気が日本海を通り抜け日本列島の山脈にぶつかるところで積乱雲となって発達します。それに対し里雪型の場合は、より手前の日本海上で発達します。これは、日本海の上空の寒気により下層との気温差が大きくなり、より不安定な状態になるためです。そして、日本列島に到達したあたりの平野部に降雪をもたらすのです。

見える化のポイント

- ● 　冬型の気圧配置である西高東低型では、シベリア気団からの北西風が日本海を吹

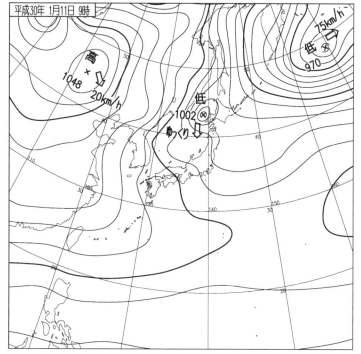

図 1-11-4　里雪型：地上天気図(速報天気図) [2018 年 1 月
11 日 00:00UTC]

き抜ける時に加熱され水蒸気が供給されて、対流雲が発達し、日本海側に雪や雷を
もたらします。

● 西高東低型には山雪型と里雪型とがあります。山雪型は山間部での降雪が、里雪
型は平野部で降雪が多くなります。

● 里雪型は日本海での等圧線の膨らみが特徴で、上空の寒気により積乱雲がより手
前で発達し、平野部の降雪が多くなります。

コラム：冬の雷
冬季の雷は世界的に見ても珍しい現象で、日本の他にはノルウェーの西海岸や、アメリカ五大湖の東海岸に限られています。これらはいずれも、暖かい海面や湖面の上に、冷たい気流が流れ込んでいる場所です。下から加熱されて対流雲が発達し、雷となります。

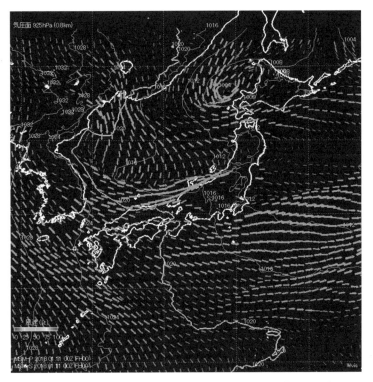

図 1-11-5　里雪型：地上気圧と 925hPa の風向・風速 [2018
　　　　　年 1 月 11 日 00:00UTC]

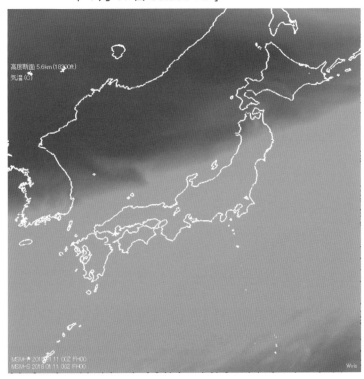

図 1-11-6　里雪型：500hPa の気温 (気温コンター図配色：
　　　　　最小値－45℃、最大値 0℃)

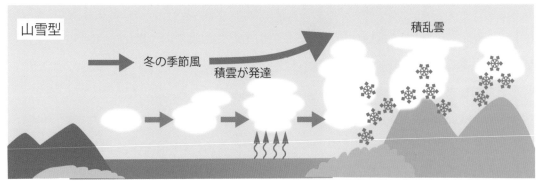

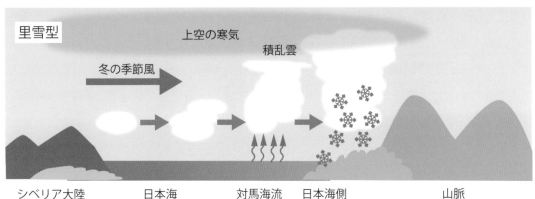

図 1-11-7　山雪型と里雪型（「日本海側に大雪をもたらす山雪型と里雪型の違い」ウエザーニュースを参考に作成）

1.12. フェーン現象

糸魚川市大規模火災

　2016 年 12 月 22 日、新潟県糸魚川市で大規模な火災が発生しました。火災は午前 10 時過ぎに発生し、乾燥した強い南風によって北の方向に延焼しました。この日の糸魚川市での最大瞬間風速は、24.2m/s を記録しています。図 1-12-1 は当日の地上天気図です。日本海低気圧が通過し、広い範囲で南よりの風が吹いていました。この時北陸地方に吹いた風は、太平洋側から山脈を超えて吹き下ろす、乾燥した暖かい風でした。この風はフェーン現象によってもたらされたものです。それでは、この事例を可視化してみましょう。つぎのファイルをダウンロードしてください。

・初期時刻：2016 12 22 00:00UTC、MSM 気圧面

　ダウンロードしたファイルを「ファイル」メニュー、「MSM 気圧面ファイルを開く」で開いてください。

Z__C_RJTD_20161222000000_MSM_GPV_Rjp_L-pall_FH00-15_grib2.bin

「ビュー」メニュー、「マーカー」をクリックして、マーカーユーザーインターフェ

イスを開きます (図 2-6-1 参照)。「クロス」にチェックがついていることを確認し、「経度」を 138.0 度に、「緯度」を 37.0 度にします。糸魚川市のおおよその位置に、十字型のマーカーが表示されました。「気圧面」の「風向・風速 (矢印)」をチェックして、925hPa の風向・風速を表示します。糸魚川市付近を含め、日本海側は広く南よりの風が吹いています。

つぎに、「断面」の「等値線」と「値」、「コンター図」をチェックしてください。「東経」のスライダを 138.0 度にし、「気温」をチェックすると、糸魚川市付近を含む気温分布が高度方向の断面で表示されます。配色については、「気温コンター図自動配色」のチェックを外して、「最小値 [青]」を 0℃に、「最大値 [赤]」を 15℃にします。図 1-12-3 は、西側からの視点で表示したもので、風下である北側がより高温になっていることが表現されています。つぎに、「相対湿度」をチェックしてください。高度方向の断面に、相対湿度の分布が表示されました。風下である北側は相対湿度が小さく、乾燥していることがわかります。

図 1-12-5 でフェーン現象のしくみを確認しましょう。いま、風上側から山の斜面に風が吹いていて、気温は 20℃と仮定します。山の斜面を滑昇し、空気は持ちあげられていきます。この時、雲ができていないとすると乾燥断熱減率で気温が低下していきます。1000m あたり 10℃の減率です。そして、1000m まで持ち上げられたところで空気が飽和し、雲ができ始めました。その後も上昇が続きますが、飽和しているので湿潤断熱減率で気温が低下していきます。湿潤断熱限率の値は一定ではありませんが、ここでは 1000m あたり 5℃としました。降水も発生し、空気中の水分が落下していきます。

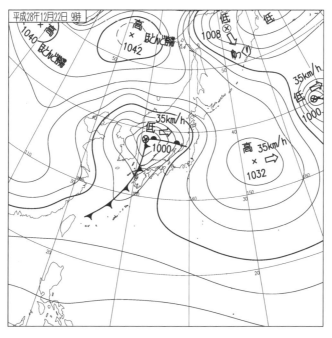

図 1-12-1　地上天気図(速報天気図) [2016 年 12 月 22 日 00:00UTC]

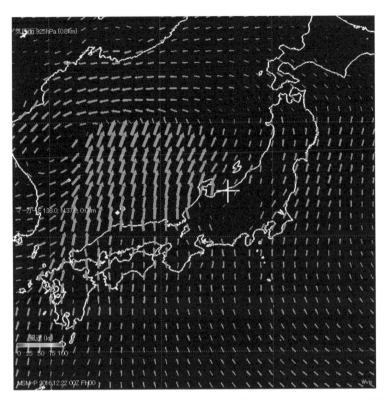

図 1-12-2　地上気圧と 925hPa の風向・風速 (マーカー：経度
138.0 度、北緯 37.0 度) [2016 年 12 月 22 日 00:00UTC]

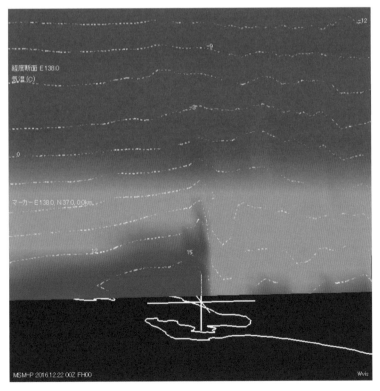

図 1-12-3　東経 138 度断面における気温 (右側：風上、左側：風下)

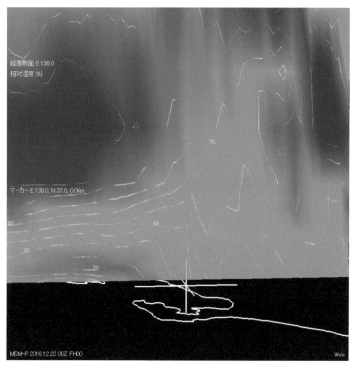

図 1-12-4　東経 138 度断面における相対湿度 (右側：風上、左側：風下)

やがて山頂に到達した時の気温は 5℃になりました。山頂を超え、風下側の麓へ吹き降りていきます。この時は雲が消え、乾燥断熱減率で気温が高くなっていきます。麓に到達した時は 25℃になりました。風上側と比べると、5℃高い気温になっています。このように、山岳などの地形によって、風下側に乾燥した温度の高い空気が吹き降りる現象がフェーン現象です。糸魚川市の大規模な火災は、このようなフェーン現象による乾燥した暖かい風によって、被害が拡大したと考えられます。

見える化のポイント

- フェーン現象は、気流が山岳などの地形を超え、乾燥した温度の高い下降気流が風下側に吹く現象です。
- フェーン現象は非常に乾燥した強い風となることもあり、大規模な火災が発生して大きな被害となることがあります。

コラム：湿ったフェーンと乾いたフェーン
ここで取り上げたフェーン現象は「湿ったフェーン」と呼ばれるもので、水蒸気の凝結を伴う断熱変化が起きることで生じています。それに対し、水蒸気の凝結を伴う断熱変化が起こらなくても生じる「乾いたフェーン」と呼ばれる現象も知られています。

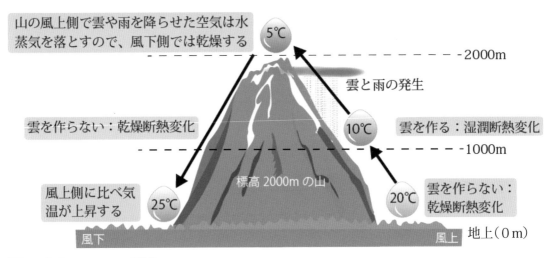

山の風上側で雲や雨を降らせた空気は水蒸気を落とすので、風下側では乾燥する

5℃

------ 2000m

雲と雨の発生

雲を作らない：乾燥断熱変化

10℃

雲を作る：湿潤断熱変化

------ 1000m

風上側に比べ気温が上昇する

25℃

標高 2000m の山

20℃

雲を作らない：乾燥断熱変化

風下

風上

地上（0m）

図 1-12-5　フェーン現象

1.13.　集中豪雨

平成 30 年 7 月豪雨

2018 年 6 月末から 7 月上旬にかけて、西日本から東海地方を中心に広い範囲で記録的な大雨となりました。河川の氾濫、浸水害、土砂災害等が発生し、死者、行方不明者が多数となる甚大な災害でした。全国各地で断水や電話の不通等ライフラインに被害が発生したほか、鉄道の運休等の交通障害が発生しました。この大雨は梅雨前線の停滞と台風の影響によってもたらされたもので、「平成 30 年 7 月豪雨」と呼ばれています。それでは、この事例を可視化してみましょう。つぎの 2 つのファイルをダウンロードしてください。

・初期時刻：2018 07 07 12:00UTC、MSM 気圧面

・初期時刻：2018 07 07 12:00UTC、MSM 地上

図 1-13-1 は同じ日時の地上天気図です。梅雨前線が西日本・東日本を通って、日本の東へのびています。ダウンロードした MSM 気圧面ファイルと MSM 地上ファイルを、それぞれ開いてください。

Z__C_RJTD_20180707120000_MSM_GPV_Rjp_L-pall_FH00-15_grib2.bin

Z__C_RJTD_20180707120000_MSM_GPV_Rjp_Lsurf_FH00-15_grib2.bin

「気圧面」の「風向・風速 (流線)」をチェックし、「アニメーション」をオンにしてください。下層の 925hPa の風が表示されます。日本列島の南側では全般的に南よりの

風、北側では東よりの風が吹き、梅雨前線付近で収束していることがわかります。反時計回りの渦は、前線上の低気圧をあらわしています。

　「断面」の「高度」を選び、「コンター図」をチェックしてください。表示する要素に「気温」を選びます。925hPa の断面において、梅雨前線の南側には暖気が、前線の北側には寒気が存在しています。つぎに、表示する要素を「相当温位」にしてください。梅雨前線の南側は相当温位の値が高く、暖かく湿った気流が流れ込んでいる様子を表しています。

　では、上層の気圧分布に注目しましょう。「気圧面」の気圧 300(hPa) のボタンをクリックし、「等高線」と「値」をチェックしてください。図の中央付近で、等高線が低緯度側に凸になっています。鋭いトラフです。あわせて、「気圧面」の「風向・風速(流線)」をチェックし、300hPa の風を表示します。トラフ周辺で、風向が急激に変化していることがわかります。

　つぎに、気温分布を確認します。「断面」の高度を 300hPa にして、「コンター図」をチェックしてください。表示する要素を「気温」にします。「>>」ボタンをクリックし、拡張メニューの「気温コンター図自動配色」のチェックを外します。「最小値 [青]」を－33℃に、「最大値 [赤]」を－24℃にしてください。トラフの北側から寒気が流れ込んでいます。つまり、寒気をともなったトラフです。

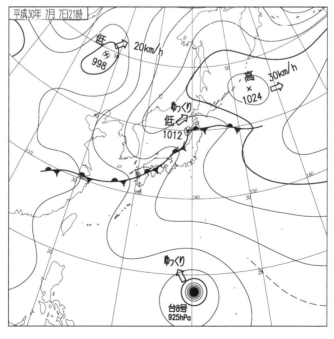

図 1-13-1　地上天気図(速報天気図) [2018 年 7 月 7 日 12:00UTC]

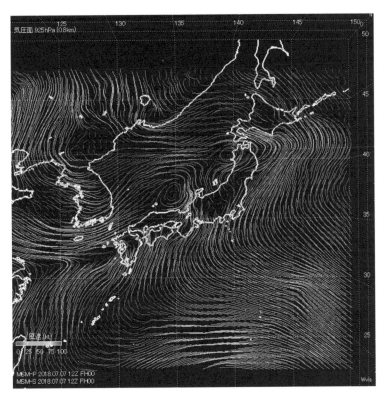

図 1-13-2　925hPa の風向・風速 [2018 年 7 月 7 日 12:00UTC]

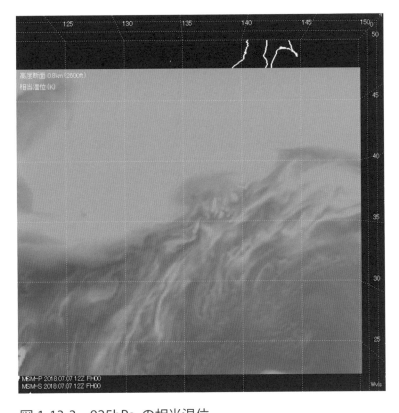

図 1-13-3　925hPa の相当温位

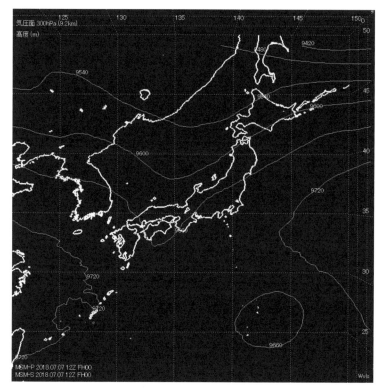

図 1-13-4　300hPa の等高線

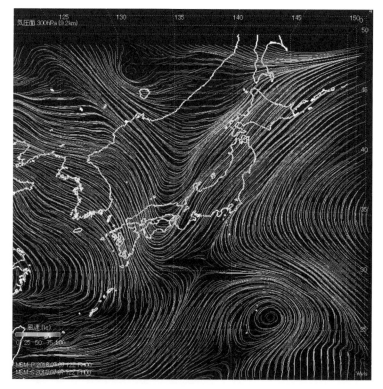

図 1-13-5　300hPa の風向・風速

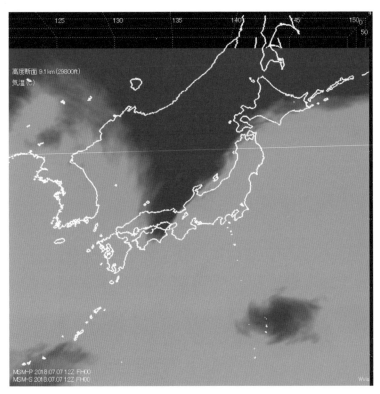

図 1-13-6　300hPa の気温 (気温コンター図配色：最小値−33℃、最大値−24℃)

　一般にトラフの前面 (東側) では、天気が悪くなります。この部分は上昇流域であり、また下層に暖かく湿った気流が流れ込みやすくなるためです。さらにこの事例では、上層に寒冷なトラフが存在しています。下層と上層とで気温の差が大きく、より不安定な状態となり、対流雲が発達しやすい環境になっています。

　それでは、降水量を確認しましょう。拡張メニューの「地上」の時間 [FT] を＋00から＋01にします。この状態で、「地上」の「降水量」をチェックすると、1 時間あたりの降水量の予想が、立体グラフで表示されます。降水量の「高さ」を「高」にすると、立体グラフの表示が高くなります。あわせて、「気圧面」の「風向・風速 (流線)」をチェックし、925hPa の風向・風速を表示してください。さらに、「形状」の「露点差」をチェックしてください (下側のみ)。風が収束するところで、対流雲が発達する、そして降水が強まるという、一連の関係が表現されています。

見える化のポイント

● 　下層と上層の温度差が大きい (下層が暖かく、上層が冷たい) と、不安定な状態になります。

● 　下層に湿った空気が流れ込むことで、より不安定な状態になります。

● 不安定な状態で、収束等により上昇作用が働くと、対流雲が次々と発生・発達して降水をもたらし、さらに集中豪雨へつながることがあります。

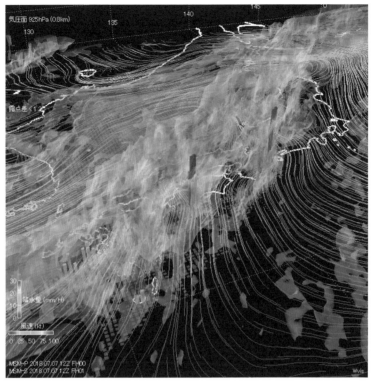

図 1-13-7　925hPa の風向・風速、1.2℃未満の露点差と降水量

コラム：線状降水帯
「平成 30 年 7 月豪雨」では、多数の線状降水帯が発生し、記録的な大雨となったと考えられています。線状降水帯とは、「次々と発生する発達した雨雲（積乱雲）が列をなした、組織化した積乱雲群によって、数時間にわたってほぼ同じ場所を通過または停滞することで作り出される、線状に延びる長さ 50 ～ 300km 程度、幅 20 ～ 50km 程度の強い降水をともなう雨域」と定義されています。

1.14.　航空機の航跡と気象現象

CARATS Open Data

気象情報と航空機の情報を一緒に可視化することで、航空機に対する気象現象の影響を評価することができます。そこで Wvis では、航空機の情報として CARATS Open Data を可視化できるようにしています。

CARATS Open Data は、航空交通の分野における研究・開発や教育のために国土交通省が提供しているデータです。航空路レーダーで取得した航空機の便名、位置 (緯度・

経度)、高度、型式 (機種) と時刻の情報が含まれています。国土交通省航空局交通管制部交通管制企画課に、データの利用を申し込みます。

　CARATS Open Data には広範囲の航空機の航跡データが含まれていますが、入手には申し込みが必要なこともあり、誰でもすぐに利用できるとは限りません。そこで Wvis には、CARATS Open Data と同じ形式で作成したサンプルデータを添付しています。このサンプルデータは、代表的な航空路の航跡データを、CARATS Open Data のフォーマットに合わせて編集したものです。ここでは、このサンプルデータを可視化する手順を説明します。実際の CARATS Open Data についても、サンプルデータと同じ手順で表示することができます。

　まず、「高度 [倍率]」を 10 にしてください。「ビュー」メニュー、「CARATS Open Data」をクリックして CARATS Open Data ユーザーインターフェイスを開きます (図 2-5-1 参照)。「ファイル」メニュー、「CARATS Open Data ファイルを開く」をクリックし、Wvis フォルダ内の bin フォルダにあるファイルを開いてください。

　TRK20160214_00_12.csv

　このサンプルデータは、2016 年 2 月 14 日 00:00 〜 12:00UTC の航跡データです。「全フライト」の「航跡」をチェックすると、航空機の航跡が表示されます。「カラー (高度)」をチェックすると、高度に応じた配色になります。

　「開始時刻」と「終了時刻」を設定することで、表示する航跡のデータを制限することができます。「開始時刻」00:00UTC、「終了時刻」11:59UTC の状態で、ファイルに含まれるすべての航跡が表示されています。また、「下限高度」と「上限高度」を設定することで、表示するデータを高度によって制限することができます。「上限高度」の最大値は 45000ft(約 14km) です。

　「特定フライト」の「FLT」スライダで便名を指定し、特定の便を抽出して表示します。サンプルデータには、つぎの 4 便のデータが含まれています。なお便名 (FLT ＋数字 4 桁) は仮想的なものになっています。

　・FLT0001：東京国際空港 (羽田) → 福岡空港
　・FLT0002：福岡空港 → 東京国際空港 (羽田)
　・FLT0003：東京国際空港 (羽田) → 新千歳空港
　・FLT0004：新千歳空港 → 東京国際空港 (羽田)

　「航跡 (球)」をチェックすると、特定した便の航跡を球で表示します。カラーは高度による配色になっています。球の大きさを、大、中、小で切り替えます。「航跡 (矢印)」

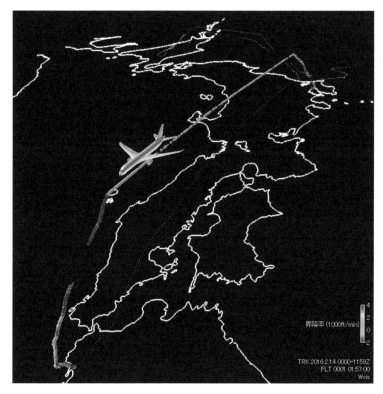

図 1-14-1　CARATS Open Data　サンプルデータ [2016 年 2 月 14 日]

をチェックすると、特定した便の航跡を矢印で表示します。カラーは昇降率による配色、矢印の向きは航空機の機首方向を表します。

　「航空機」をチェックすると、特定した便のデータを航空機の形状で表示します。「時刻」のスライダで表示する時間を指定することで、航空機の位置を移動します。「アニメーション」をチェックすると、連続的に時間が変化し航空機が動き出します。

南西強風による影響

　サンプルデータの 2016 年 2 月 14 日は、関東、東海、北陸、中国地方で春一番が吹いた日です。この事例を MSM データとあわせて可視化してみましょう。つぎのファイルをダウンロードしてください。

　・初期時刻：2016 02 14 00:00UTC、MSM 気圧面

　図 1-14-2 は同じ日時の地上天気図です。低気圧が北日本を東北東に進み、寒冷前線が東日本を通って沖縄地方にのびています。ダウンロードした MSM 気圧面ファイルを開いてください。

　Z__C_RJTD_20160214000000_MSM_GPV_Rjp_L-pall_FH00-15_grib2.bin

　「時刻 [FT]」を＋ 03H にし、03:00UTC の状況を可視化します。「気圧面」の「風

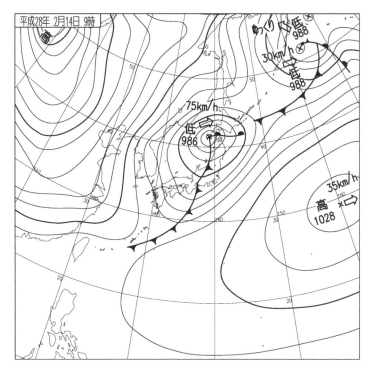

図 1-14-2　地上天気図(速報天気図) [2016 年 2 月 14 日 00:00UTC]

向・風速 (矢印)」をチェックし、「アニメーション」をオンにしてください。下層の
925hPa の風が表示されます。低気圧に向かって、広い範囲で南よりの強い風が吹いて
います。

　あわせて、CARATS Open Data ユーザーインターフェイスの「特定フライト」で
FLT0002 を選択してください。「航空機」の「時刻」「アニメーション」をチェックして、
表示する航跡の時間を進めます。図は、関東地方を拡大して眺めたものです。航空機の
航跡は FLT0002 の 04:53UTC の位置を示しています。強い南西の風が表現されていま
すが、このような地上付近の南西の強風は成田国際空港や東京国際空港 (羽田) の滑走
路に対して横風の成分となり、場合によっては航空機の離着陸に影響が出ることがあり
ます。

ジェット気流による影響

　つぎに、航空機の航跡とジェット気流との関係を表現してみましょう。「高度 [倍率]」
は 50 にします。「気圧面」の気圧 200(hPa) のボタンをクリックし、「風向・風速 (矢印)」
をチェックしてください。風向・風速の矢印の大きさは「小」にします。「形状」の「風
速」にチェックをつけ、スライダで風速の値を 120(kt) にします。ジェット気流とおお
よそその高度における風向・風速が表現されました。

図 1-14-3　　航空機の航跡と 925hPa の風向・風速 [2016 年 2 月 14 日 03:00UTC]

　あわせて、「特定フライト」でつぎの便について、それぞれの時刻のデータを表示してください。
　・FLT0001：01:22UTC
　・FLT0002：04:08UTC
　図 1-14-4 と図 1-14-5 は、東からの視点で日本上空を眺めています。ジェット気流は強い西風ですので、東京国際空港 (羽田) から福岡空港へ向かう FLT0001 では向かい風に、逆に福岡から東京へ向かう FLT0002 では追い風になっていることがわかります。このことは、飛行時間や燃料の消費に影響します。

見える化のポイント

● 　気象現象は航空機の運航に大きな影響を与えます。
● 　気象情報と航空機の情報を同じ画面上に可視化することで、航空機に対する気象現象の影響を評価することができます。それにより、安全で効率的な運航に寄与することを期待しています。

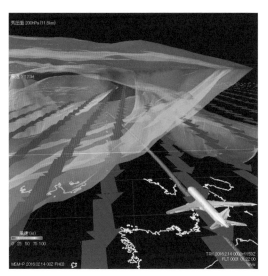

図 1-14-4　航空機の航跡(東京→福岡)と
200hPa の風向・風速

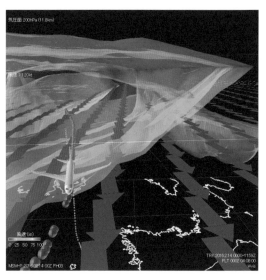

図 1-14-5　航空機の航跡(福岡→東京)
200hPa の風向・風速

コラム：CARATS Open Data のフォーマット

　Wvis は、CARATS Open Data の 2012 年度〜 2016 年度データに対応しています。2017 年度データ以降はデータのフォーマットが異なるため、現時点では対応していません。

　なお、CARATS Open Data は提供されるデータの期間が限られているため、必ずしも目的とする日時のデータを入手することができないかもしれません。したがってこの手法では、気象情報と航空機の情報との日時を一致させることができない場合もありますが、代表的な航空路における航空機のおおよその位置や高度を目安として、気象現象と航空機の航跡との関係を評価することは有効であると考えられます。

気圧面 850hPa (1.5km)

2. マニュアル編

風速 (kt)

0 25 50 75 100

2.1. MSM ユーザーインターフェイス

　Wvis は、表示する要素や値をユーザーインターフェイスで設定し、ビューアーにさまざまな気象現象を表現していきます。Wvis にはいくつかのユーザーインターフェイスがありますが、そのうち主な 2 つが MSM データ用と GSM データ用のユーザーインターフェイスです。ここでは、Wvis を起動したときに最初に現れる MSM ユーザーインターフェイスの操作方法について説明します。

　数値予報ファイルのダウンロードから表示まで、Wvis でのおおまかな操作の流れは、

- 「ツール」「GPV ダウンロード」で、数値予報ファイルをダウンロードする
- 「ビュー」メニューで、MSM データ用のビューアーと GSM データ用のビューアーを切り替える
- 「ファイル」メニュー「MSM 気圧面ファイルを開く」と「MSM 地上ファイルを開く」、または「GSM 全球域ファイルを開く」でダウンロードした数値予報ファイルを開く
- 「時間 [FT]」で、表示する時間を設定する
- 「気圧面」「風向・風速」で、風の流れを可視化する
- 「断面」で水平方向・垂直方向の断面を表示し、風速、気温などの分布を可視化する
- 「形状」で等数値面を表示し、気象現象の立体的な姿を可視化する
- 「地上」の「等圧線」や「降水量」を表示する

　このような一連の操作の手順で可視化できるように、メニュー、全体の操作、気圧面の操作、断面の操作、形状の操作、地上データの操作の各部分で、ユーザーインターフェイスは構成されています。

2.1.1. メニュー

　ユーザーインターフェイスの最上部にあり、各ビューアーを切り替えたり、数値予報データのファイルを開いたり、その他 Wvis の動作全般に関わる操作をするメニューです。

- ビュー
    - MSM 気圧面・地上：ビューアーの表示を MSM に切り替えます。
    - GSM 全球域：ビューアーの表示を GSM に切り替えます。
    - CWM 沿岸波浪：海洋モデルの CWM 沿岸波浪を表示します。ビューアーの表

図 2-1-1　メニュー

示が MSM の場合に有効です。

■　GWM 全球波浪：海洋モデルの GWM 全球波浪を表示します。ビューアーの表示が GSM の場合に有効です。

■　CARATS Open Data：航空機の航跡データを表示します。ビューアーの表示が MSM の場合に有効です。

■　マーカー：経度・緯度・高度を設定して、目印となるマーカーを表示します。マーカーの形状は、クロス (十字) と航空機です。

■　フルスクリーン：ビューアーをフルスクリーンで表示します。元に戻すときは Esc キーを押します。

「GSM 全球域」以降のメニューとユーザーインターフェイスについては、「2.2. GSM ユーザーインターフェイス」からそれぞれ解説していきます。ここでは、「MSM 気圧面・地上」メニューにチェックがついている前提で説明します。

●　ファイル

■　MSM 気圧面ファイルを開く：MSM 気圧面ファイルを開きます。MSM 気圧面のファイル名には、L-pall という文字列が含まれています。

■　MSM 地上ファイルを開く：MSM 地上ファイルを開きます。MSM 地上のファイル名には、Lsurf という文字列が含まれています。

■　MPEG ファイルに録画：ビューアーの内容を動画ファイルに保存します。「MPEG ファイルに録画」をクリックすると、録画を開始します。録画中に再度「ファイル」メニューを開いて「MPEG ファイルを保存」をクリックすると、録画を終了して MPEG ファイルのファイル名を指定します。

■　PNG ファイルを保存：ビューアーの内容を画像ファイルに保存します。作成された PNG ファイルは、正方形 (縦・横の画素数が同じ) になります。

- ■ 終了：Wvis を終了します。
- ● ツール
  - ■ GPV ダウンロード：MSM 等の数値予報ファイルをダウンロードするウィンドウを表示します。「2.7. GPV ダウンロード」で説明します。
  - ■ ハイパフォーマンス：特に負荷の大きい機能の有効・無効を切り替えます (たとえば、「気圧面」「風向・風速」「間隔:小」)。ハイスペックのパソコン以外では、ハイパフォーマンスのチェックをつけないでください。
  - ■ 開発コード：本書特典機能を有効にする開発コードを入力します。
- ● ヘルプ
  - ■ Wvis について：Wvis のバージョン等の情報を表示します。

2.1.2. 全体の操作

ユーザーインターフェイスの上方にある部分で、ビューアーの全体的な操作をします。

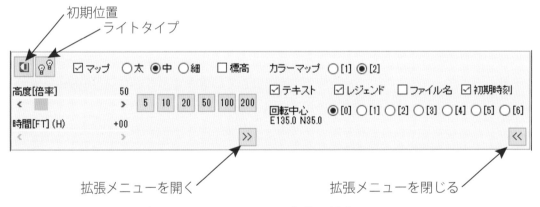

図 2-1-2　MSM ユーザーインターフェイス：全体の操作

- ● 拡張メニュー：
  - ■ 「>>」を押すとユーザーインターフェイスの幅が広くなり、右側に拡張メニューが表示されます。
  - ■ 「<<」を押すとユーザーインターフェイスの幅が狭くなり、拡張メニューが隠されます。
- ● 初期位置
  - ■ 画像の表示位置と視点を、初期位置に戻します。
- ● ライトタイプ：双方向ライト

- ■ 光源を双方向 (ライト 2 個表示のボタン) にするか、片方向 (ライト 1 個表示のボタン) にするかを切り替えます。初期状態は双方向です。

● マップ：太、中、細
　■ 海岸線を表示します。線の太さを選ぶことができます。

● 標高：地形をカラーで立体的に表示します。
　■ 標高はデータ量が大きいため、チェックをつけるとビューアーをスムーズに操作できなくなくなる場合があります。

● カラーマップ：「標高」を表示する色調を設定します。
　■ [1]：標高の高いところを赤〜黄色で表現します。
　■ [2]：標高の高いところを茶色で表現します。一般的な色別標高図の色調になっています。

● 高度 [倍率]：
　■ スライダを動かすと、高さ方向の表示倍率が変化します。
　■ 5、10、20、50、100、200 ボタンを押すと、その値の倍率になります。初期状態で 50 が選ばれています。なお、表示倍率はおおよその値です。正確な高度の倍率ではありません。

● 時間 [FT]：予報時間
　■ スライダを動かすと、表示するデータの予報時間 (FT +00、03、06、09、12、15) が変わります。
　■ MSM 気圧面ファイルには、初期時刻のデータである初期値と、3 時間後〜 15 時間後の予報値、あわせて 6 つの時間のデータが含まれています。なお、Wvis に含まれているサンプルデータは MSM と同じ形式で作成したものですが、ファイルサイズを小さくするために予報時間は一つしか含んでいません (初期値のみ)。この場合、時間 [FT] のスライダは無効になり動かすことはできません。

● テキスト：可視化している要素や値を表示します (例：気圧面 925hPa、経度断面 E135.0)。

● レジェンド：凡例を表示します。

● ファイル名：開いている MSM 気圧面ファイルのファイル名を表示します。あわせて予報時間を表示します。

● 初期時刻：開いた MSM 気圧面ファイルの初期時刻と予報時間を表示します。
　■ ファイル名と初期時刻は、どちらか一方のみ表示することができます。

● 回転中心：マウスで画像を回転または拡大・縮小するときの中心となる点を設定します。たとえば、北海道を拡大して表示するときは [1] にチェックをつけると、回転や拡大・縮小の操作がしやすくなります。それぞれの回転中心の位置は、

- ■ [0]：東経 136.5 度、北緯 36.5 度 (表示範囲の中心)

- ■ [1]：東経 143.0 度、北緯 43.0 度 (北海道付近)

- ■ [2]：東経 141.0 度、北緯 39.0 度 (東北付近)

- ■ [3]：東経 139.8 度、北緯 35.6 度 (関東付近)

- ■ [4]：東経 134.0 度、北緯 34.0 度 (近畿、中国、四国付近)

- ■ [5]：東経 130.9 度、北緯 32.8 度 (九州付近)

- ■ [6]：東経 127.7 度、北緯 26.2 度 (沖縄付近)

なお、「初期位置」をクリックすると初期状態の [0] が回転中心になります。

2.1.3. 気圧面の操作

MSM 気圧面ファイルには、高さ方向に 16 層の気圧面のデータが含まれています。16 層の中から表示する気圧面を指定します。

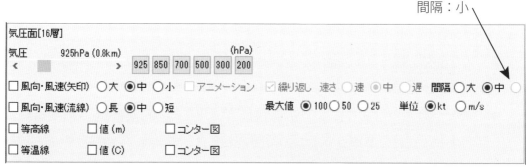

図 2-1-3　MSM ユーザーインターフェイス：気圧面の操作

● 気圧：1000hPa(地上付近) 〜 100hPa(高度約 16km)

- ■ スライダを動かすと、表示する気圧面の高さが変わります。

- ■ 925、850、700、500、300、200hPa ボタンを押すと、その値の気圧面になります。

● 風向・風速 (矢印)：

- ■ 風向・風速 (矢印) をチェックすると、指定した気圧面の風向・風速を表す矢印を表示します。アニメーションをチェックすると、その時刻の風向・風速にしたがって矢印が動き出します。

- ■ 矢印の大きさは 3 段階で設定できます。

● 風向・風速 (流線)：

■ 風向・風速を表す流線を表示します。風向・風速 (矢印) のアニメーションを
チェックすると、その時刻の風向・風速にしたがって流線が動き出します。アニ
メーションのチェックは矢印と流線で共通です。

■ 流線の長さは 3 段階で設定できます。

■ 風向・風速 (矢印) と風向・風速 (流線) を同時に表示することもできます。

● 繰り返し：アニメーションを繰り返します。

● 速さ：アニメーションの動く速さを、速、中、遅の 3 段階で設定できます。

● 間隔：風向・風速 (矢印) と風向・風速 (流線) を表示する間隔を、大、中、小
の 3 段階で設定できます。

■ 間隔の「小」はパソコンの負荷が非常に大きくなります。そのため普段は隠れ
た状態になっていますが、ユーザーインターフェイスの幅を広げると「小」の文
字が表れます。さらに、「メニュー」の「ツール」「ハイパフォーマンス」をチェッ
クすることで、間隔の「小」を選択できるようになります。

● 単位：表示する風速の単位をノット (kt) とメートル毎秒 (m/s) で切り替えます。

● 最大値：表示する風速の最大値を切り替えます。「最大値」と「単位」の組み合
わせで、100(kt)、50(kt)、25(kt) と 100(m/s)、50(m/s)、25(m/s) から選ぶことが
できます。

● 等高線：

■ 等高線をチェックすると、指定した気圧面の等高線を表示します。

■ 値をチェックすると、高度 (m) の値を表示します。

■ コンター図をチェックすると、高度に応じて色分けしたコンター図を表示しま
す。

● 等温線：

■ 指定した気圧面の等温線、気温 (℃) の値、コンター図を表示します。

コラム：風向・風速のアニメーション

風向・風速のアニメーションをチェックすると、矢印または流線が動き出します。この
動きは、時間 [FT] で指定した時刻における水平方向の速度を表現しています。時間の経過
に従った空気の動きを表しているものではないことに注意してください。

2.1.4. 断面の操作

　気象現象を断面で切って表現する機能です。経度方向、緯度方向、高度方向の断面を表示します。MSM 気圧面ファイルに含まれる格子点のデータを基に、補完して断面を作ることができます。

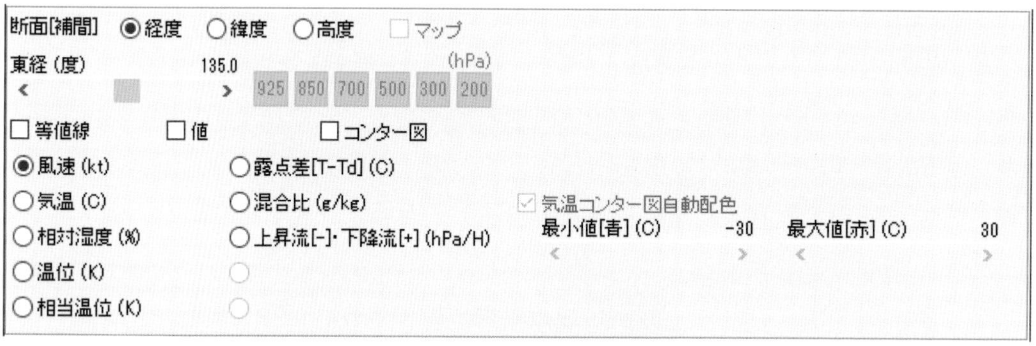

図 2-1-4　MSM ユーザーインターフェイス：断面の操作

- 経度・緯度・高度：
  - 経度方向、緯度方向、高度方向について、表示する断面を切り替えます。
- マップ：
  - 高度方向の断面に、海岸線を重ねて表示します。経度方向または緯度方向が選ばれている時は、海岸線を表示することはできません。
- 東経：
  - 経度方向の断面が選ばれている時に、表示する断面の位置を東経 (度) で指定します。スライダを動かすと、経度の値が 0.1 度ごとに変化します。
- 北緯：
  - 緯度方向の断面が選ばれている時に、表示する断面の位置を北緯 (度) で指定します。スライダを動かすと、緯度の値が 0.1 度ごとに変化します。
- 気圧高度：
  - 高度方向の断面が選ばれている時に、表示する断面の高さを気圧高度 (km) で指定します。スライダを動かすと、高度の値が 0.1km ごとに変化します。
  - 925、850、700、500、300、200hPa ボタンを押すと、その気圧に相当する高度になります。
- 等値線・値・コンター図：
  - 指定した方向・位置の断面に、等値線、値、コンター図の値を表示します。
  - 断面に表示する要素は、風速、気温、相対湿度、温位、相当温位、露点差、混

合比、上昇流・下降流から選ぶことができます。

● 気温コンター図自動配色

■ 断面で気温のコンター図を表示すると、データに含まれる最小値と最大値から配色が自動的に設定されます。しかし、表示するデータや強調したい内容によって配色を変更したいことがあります。その場合は自動配色のチェックを外し、最小値 [青] と最大値 [赤] のスライダを動かして配色を変更します。

2.1.5. 形状の操作

気象現象を立体的な形状で表現する機能です。各要素について、等数値面を表示します。

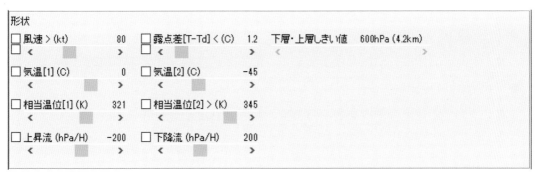

図 2-1-5　MSM ユーザーインターフェイス：形状の操作

● 風速 (kt)：

■ 等風速面を表示します。単位はノット (kt) です。スライダで設定した値を最小値とし、+20、+40、+60、+80(kt) の 5 つの等風速面を表示します。

■ 下側のチェックのみをつけると下層の等風速面を、両方のチェックをつけると下層から上層の等風速面を表示します。

● 露点差 (℃)：

■ 露点差は、気温と露点温度との差です。表示する露点差の最大値をスライダで設定します。露点差が小さいところは、湿っていて雲が広がっていると考えられます。

■ 下側のチェックのみをつけると下層の露点差を、両方のチェックをつけると下層から上層の露点差を表示します。

● 上層・下層しきい値：「風速」と「露点差」の上層と下層のしきい値をスライダで設定します。初期状態は 600hPa(高度約 4.2km) になっています。

- 気温 [1][2](℃)：
  - 等温面を表示します。２つの等温面を表示することができます。
- 相当温位 [1](K)：
  - 等相当温位面を表示します。単位はケルビン (K) です。表示する等相当温位面の値をスライダで設定します。
- 相当温位 [2](K)：
  - 等相当温位面を表示します。スライダで設定した値を最小値とし、+3、+6、…、+15(K) の６つの等相当温位面を表示します。
  - 相当温位 [2] は等相当温位面を半透明処理しています。相当温位 [1] は半透明処理をしていません。台風の中心付近の暖湿気の表示には相当温位 [2] が、前線面の表示には相当温位 [1] が適しています。
- 上昇流 (hPa/H)：
  - 上向きの速度の領域を表示します。鉛直 p 速度がマイナスの領域です。
- 下降流 (hPa/H)：
  - 下向きの速度の領域を表示します。鉛直 p 速度がプラスの領域です。

2.1.6. 地上データの操作

MSM 地上ファイルの表示について操作する部分です。「メニュー」で MSM 地上ファイルを開いてから操作します。

図 2-1-6　MSM ユーザーインターフェイス：地上データの操作

- 時間 [FT]：予報時間
  - スライダを動かすと、表示するデータの予報時間 (FT +00、01、・・・、15) が変わります。
  - MSM 地上ファイルには、初期時刻のデータである初期値と、1 時間後～ 15 時間後の予報値、あわせて 16 の時間のデータが含まれています。
- 等圧線 (hPa)：
  - 地上の気圧 (海面更正気圧) を表示します。MSM 地上ファイルを開いた時に、チェックが有効になります。

- ■ 値 (hPa) をチェックすると、等圧線の気圧の値を表示します。
- ■ 気圧の値を表示する間隔は、4hPa ごと、20hPa ごとに切り替えることができます。
- ● 降水量 (mm/H)
  - ■ 1 時間あたりの降水量を表示します。MSM 地上ファイルを開き、「時間 [FT]」を +01 以降にした時にチェックが有効になります。
  - ■ 値 (mm/H) をチェックすると、降水量の値を表示します。
  - ■ 立体グラフをチェックすると、降水量を立体棒グラフで表示します。
  - ■ 降水量を表示する間隔を、大、中、小で切り替えます。
  - ■ 立体棒グラフを表示する高さを、高、中、低で切り替えます。

コラム：MSM における予報時間
MSM 気圧面ファイルに含まれているデータは 3 時間ごとです。MSM 地上ファイルに含まれているデータは 1 時間ごとですので、MSM 地上ファイルのほうが細かい時間間隔になっています。ユーザーインターフェイス上部にある「全体の操作」の「時間 [FT]」は、MSM 気圧面ファイルのデータを表示する時間を操作するものですが、そちらを変更すると MSM 地上ファイルのデータの表示時刻もあわせて変更されます。それに対し、拡張メニュー下部にある「地上」の「時間 [FT]」を変更した場合は MSM 地上ファイルのデータの表示時刻のみが変更され、MSM 気圧面ファイルの「時間 [FT]」は変更されません。

コラム：MSM における降水量
MSM 地上ファイルに含まれている降水量は、対象とする時刻までの 1 時間あたりの降水量です。そのため、初期時刻である初期値には降水量のデータが含まれていません。拡張メニュー下部にある「地上」の「時間 [FT]」を +01 以降にすると、降水量を表示することができます。

2.2. GSM ユーザーインターフェイス

GSM 全球域ファイルは、MSM 気圧面・地上ファイルより広範囲のデータが含まれています。その他に、ファイルの構成についてつぎの違いがあります。

- ● 気圧面データと地上データ
  - ■ GSM 全球域ファイル：気圧面と地上のデータが、同じファイルになっている。
  - ■ MSM 気圧面・地上ファイル：気圧面と地上のデータが、別のファイルに分かれている。
- ● 予報時間
  - ■ GSM 全球域ファイル：初期値および予報時間ごとに、それぞれ別のファイル

になっている。一つのファイルに、一つの時間のデータのみを含んでいる。

■ MSM気圧面ファイル：初期値と３時間後〜15時間後の予報値、あわせて６個の時間のデータが一つのファイルに含まれている。

Wvisでのユーザーインターフェイスの操作については、GSMとMSMで多くの部分で共通です。ここでは、おもに両方のユーザーインターフェイスで異なる部分について説明します。

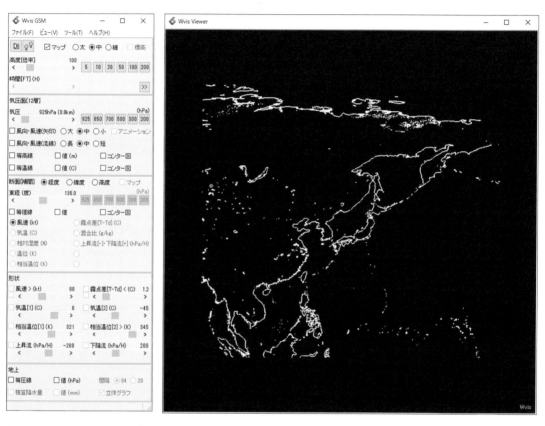

図 2-2-1　GSM ユーザーインターフェイスとビューアー

2.2.1. メニュー

● ビュー

■ GSM全球域をクリックするとビューアーの表示がGSMに切り替わり、表示範囲がMSMの表示範囲よりも拡大されます。

■ 同時に、MSMユーザーインターフェイスからGSMユーザーインターフェイスに切り替わります。再度MSMユーザーインターフェイスに戻すときは、「ビュー」メニュー「MSM気圧面・地上」をクリックします。

- ファイル

    - GSM 全球域ファイルを開くをクリックすると、ファイルを選択するウィンドウが表示されます。可視化したい予報時間のファイルを指定します。予報時間 6 時間ごとに GSM 全球域ファイルが提供されています。

    - このメニューは、「ビュー」メニューで GSM が選ばれている時に有効になります。GSM 全球域のファイル名には、Rgl という文字列が含まれています。

2.2.2. 全体の操作

- 標高：地形の高さをカラーで立体的に表示します。なお、GSM で「標高」を有効にするためには、「ツール」メニューの「ハイパフォーマンス」をチェックする必要があります。

- 高度 [倍率]：

    - ビューアーの表示が GSM に切り替わると、高さ方向の表示倍率は初期状態で 100 になります。スライダを動かして、表示倍率を変えることができます。

- 時間 [FT]：予報時間

    - GSM ユーザーインターフェイスでは、時間 [FT] のスライダが無効になっていて動かすことはできません。これは、GSM 全球域ファイルは予報時間ごとに別のファイルとなり、一つのファイルには一つの時間のデータしか含まれていないためです。

図 2-2-2　GSM ユーザーインターフェイス：全体の操作

- 領域：GSM 表示領域切り替え機能

    - ビューアーに表示される領域を切り替える機能です。この機能は、本書特典の開発コードの入力が必要です (「1.3. 開発コードの入力と本書特典機能」参照)。

    - 通常は、日本を含む北西太平洋の領域がビューアーに表示されています。緯度方向・経度方向についてつぎの範囲に設定することで、合計 12 の領域から表示範囲を選びます。

        ☆　緯度方向：北半球(北緯0～80度)、低緯度(南緯40～北緯40度)、南半球(南

緯80〜0度)

☆　経度方向：東経0〜90度、東経90〜180度、西経180〜90度、西経
90〜0度

■　「北西太平洋」をクリックすると、初期状態の領域である北緯0〜80度、東
経90〜180度が表示範囲になります。

	東経0〜90度	東経90〜180度	西経180度〜90度	西経90度〜0度
北半球				
低緯度				
南半球				

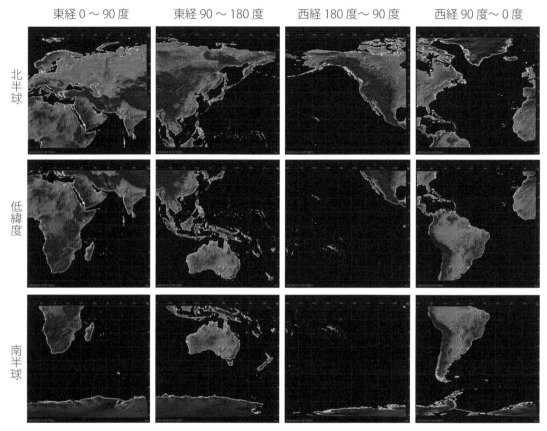

図 2-2-3　GSM 表示領域切り替え機能による 12 の表示範囲

2.2.3.　気圧面の操作

● 　気圧：1000hPa(地上付近) 〜 100hPa(高度約 16km)

■　スライダを動かすと、表示する気圧面の高さが変わります。

■　925、850、700、500、300、200hPa ボタンを押すと、その値の気圧面にな
ります。

　GSM 全球域ファイルには、地上のデータと、1000hPa 〜 10hPa の 17 層の気圧面の
データが含まれています。このうち、1000hPa 〜 100hPa の 12 層の中から表示する
気圧面を指定します。表示できる範囲は、対流圏と成層圏下部になります。

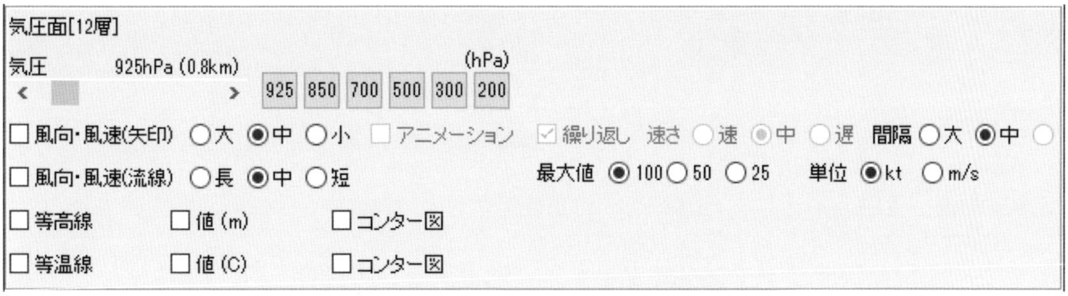

図 2-2-4　GSM ユーザーインターフェイス：気圧面の操作

2.2.4.　断面の操作

　MSM ユーザーインターフェイスと同様です。「2.1.4. 断面の操作」を参照してください。

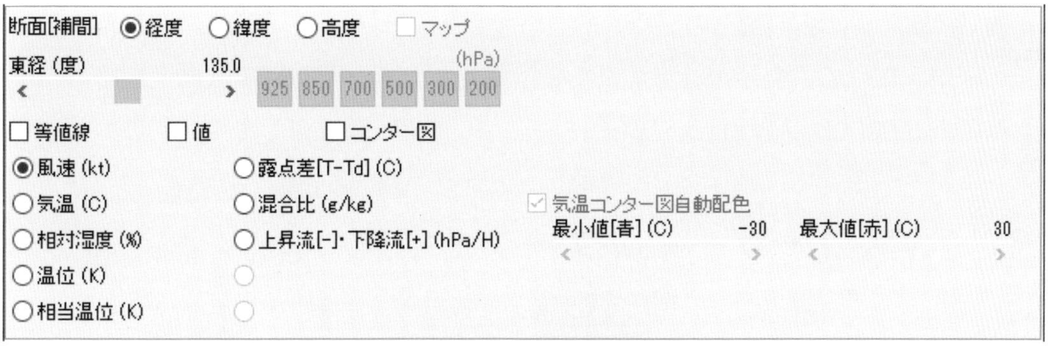

図 2-2-5　GSM ユーザーインターフェイス：断面の操作

2.2.5.　形状の操作

　MSM ユーザーインターフェイスと同様です。「2.1.5. 形状の操作」を参照してください。

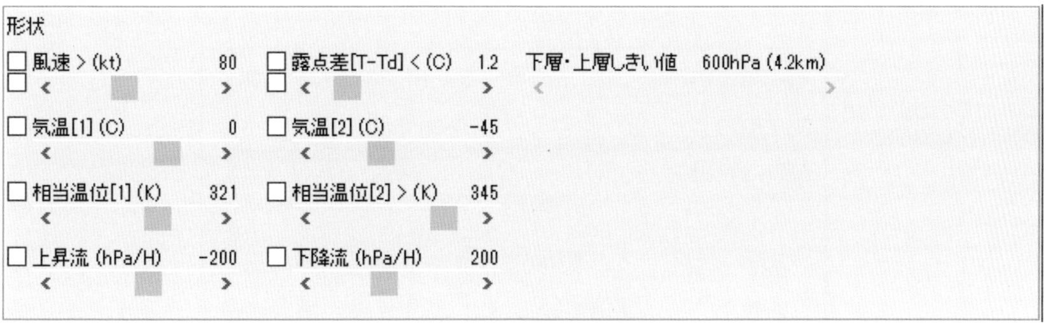

図 2-2-6 GSM ユーザーインターフェイス：形状の操作

2.2.6. 地上データの操作

図 2-2-7　GSM ユーザーインターフェイス：地上データの操作

GSM 全球域ファイルに含まれる地上データの表示について操作する部分です。

● 積算降水量 (mm)

■ 初期時刻からの降水量を積算した値を表示します。

■ MSM 地上ファイルに含まれているのは、1 時間あたりの降水量です。GSM と MSM では、表示する降水量の時間が異なります。

■ 初期時刻からの積算のため、初期値の GSM 全球域ファイルには降水量のデータが含まれていません。降水量を表示するときは、予報時間 6 時間以降のファイル (FD0006、FD0012、FD0018、・・・) を開くようにします。

2.3.　CWM ユーザーインターフェイス

　Wvis では、2 つの海洋モデルを可視化することができます。そのうちの一つ、沿岸波浪数値予報モデル GPV(CWM) のデータの表示について操作するユーザーインターフェイスです。MSM ユーザーインターフェイスの「ビュー」メニュー、「CWM 沿岸波浪」をクリックすると、CWM ユーザーインターフェイスのウィンドウが表示されます。なお、ビューアーの表示が MSM の場合に、「CWM 沿岸波浪」が有効になります。ビューアーの表示が GSM の場合は、「CWM 沿岸波浪」を選ぶことはできません。

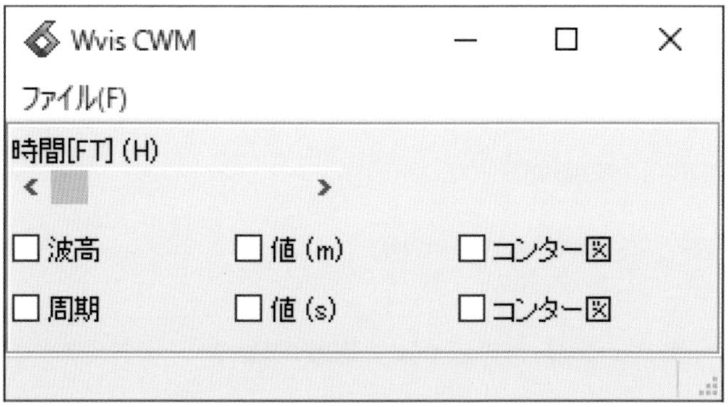

図 2-3-1　CWM ユーザーインターフェイス

- ファイルメニュー
  - CWM ファイルを開くをクリックすると、ファイルを選択するウィンドウが表示されます。
- 時間 [FT]：予報時間
  - スライダを動かすと、表示するデータの予報時間 (FT +00、03、06、・・・、72) が変わります。CWM ファイルには、初期時刻のデータである初期値と、3 時間後〜 72 時間後の予報値、あわせて 25 の時間のデータが含まれています。
  - MSM ユーザーインターフェイスの時間 [FT] のスライダを操作して予報時間を設定すると、それに応じて CWM ユーザーインターフェイスの時間 [FT] にも反映され、MSM と CWM とで同じ予報時間のデータが表示されます。
- 波高・値・コンター図：波高を表す等値線、値、コンター図の値を表示します。
- 周期・値・コンター図：周期を表す等値線、値、コンター図の値を表示します。

CWM ファイルと MSM 気圧面ファイルとをビューアーに表示することで、波浪と風向・風速を同時に可視化することができます。

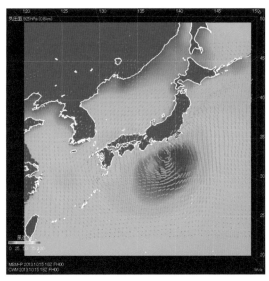

図 2-3-2　風向・風速(MSM) と波高(CWM) を表示した例 [2013 年 10 月 15 日 18:00UTC]

2.4. GWM ユーザーインターフェイス

全球波浪数値予報モデル GPV(GWM) のデータの表示について操作するユーザーインターフェイスです。ビューアーの表示が GSM の場合に、「GWM 全球波浪」が有効になります。ユーザーインターフェイスの操作は、CWM と GWM とで同じです。GWM ファイルと GSM 全球域ファイルとをビューアーに表示することで、より広範囲の波浪と風

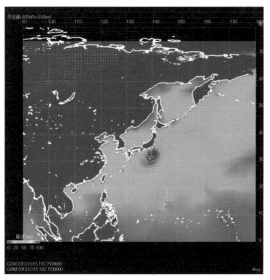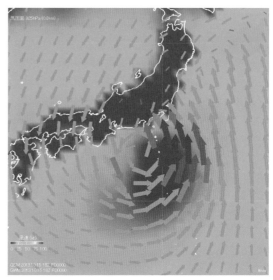

図 2-4-1　風向・風速(GSM) と波高(GWM) を表示した例 [2013 年 10 月 15 日 18:00UTC]

向・風速を可視化することができます。

2.5.　CARATS Open Data ユーザーインターフェイス

　航空機の航跡データである「CARATS Open Data」の表示について操作するユーザーインターフェイスです。「CARATS Open Data」は、国土交通省が提供しています。MSM ユーザーインターフェイスの「ビュー」メニュー、「CARATS Open Data」をクリックすると、ユーザーインターフェイスのウィンドウが表示されます。ビューアーの表示が GSM の場合は、「CARATS Open Data」メニューを選ぶことはできません。

- ● ファイルメニュー
  - ■ CARATS Open Data ファイルを開くをクリックすると、ファイルを選択するウィンドウが表示されます。

「全フライト」は、「CARATS Open Data」に含まれるすべてのデータに関する操作です。

- ● 航跡：含まれているすべての航空機の航跡が表示されます。
- ● カラー (高度)：チェックを外すと、航跡が白色で表示されます。初期状態では、高度に応じたカラー表示になっています。
- ● 開始時刻・終了時刻：表示する航跡のデータを、時刻によって制限します。
- ● 下限高度・上限高度：表示する航跡のデータを、高度によって制限します。「上限高度」の最大値は 45000ft(約 14km) です。

「特定フライト」は、指定した便のデータに関する操作です。

◆ Wvis CARATS Open Data	—	□	×

ファイル(F)

全フライト

☐ 航跡　　　　　☑ カラー（高度）

　開始時刻　00:00 ∨ (UTC)　　終了時刻　11:59 ∨ (UTC)

　下限高度　　　　　0ft　　　　上限高度　　　　45000ft
　‹　　　　　　　　　›　　　　‹　　　　　　　　　›

特定フライト

　FLT　　　　　　0001
　‹　　　　　　　　　›

☐ 航跡(球)　○大 ◉中 ○小　☑ カラー（高度）

☐ 航跡(矢印) ○大 ◉中 ○小　☑ カラー（昇降率）

☐ 航空機　　○大 ◉中 ○小　☐ アニメーション

　時刻　　　　00:54:30　　　○速 ◉中 ○遅
　‹　　　　　　　　　›

図 2-5-1　CARATS Open Data　ユーザーインターフェイス

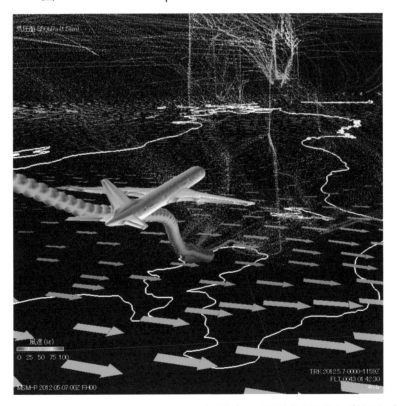

図2-5-2　CARATS Open Dataと風向・風速(MSM)を表示した例

- FLT：スライダで便名を指定し、特定のデータを抽出します。なお CARATS Open Data では、便名 (FLT ＋数字 4 桁) は仮想的なものになっています。

- 航跡 (球)：特定した便の航跡を球で表示します。カラーは高度による配色になっています。球の大きさを、大、中、小で切り替えます。

- 航跡 (矢印)：特定した便の航跡を矢印で表示します。カラーは昇降率による配色、矢印の向きは航空機の機首方向を表します。Wvis では、次の時刻の位置との差分から機首方向を求めています。

- 航空機：特定した便のデータを航空機の形状で表示します。「時刻」のスライダで表示する時間を指定することで、航空機の位置が移動します。「アニメーション」をチェックすると、連続的に時間が変化し航空機が動き出します。

2.6. マーカー

気象現象を立体的に可視化するときに、その位置や高さの目安となるものがあると便利です。Wvis では、指定した位置・高度に、目印となるマーカーを表示することができます。マーカーの形には、十字のクロスと航空機の形状があります。

「ビュー」メニュー、「マーカー」をクリックすると、マーカーのユーザーインターフェイスが表示されます。

「クロス」をチェックすると、十字の形のマーカーを表示します。「経度」と「緯度」のスライダを動かし、マーカーの位置を指定します。「高度」のスライダで高さを指定

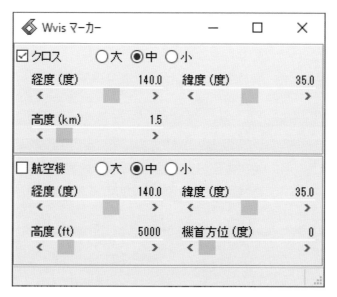

図 2-6-1　マーカーユーザーインターフェイス

します。高度の単位はキロメートル (km) です。

「航空機」をチェックすると、航空機の形状のマーカーを表示します。高度の単位はフィート (ft) です。機首方位のスライダを動かすと、機体の向きが回転します。

2.7. GPV ダウンロード

Wvis で表示する数値予報ファイルは、インターネットから入手することができます。しかし、表示したい種類や日時のファイルを探し、間違えないようにファイル名を指定してダウンロードすることは、慣れないうちは簡単ではありません。そこで Wvis には、数値予報ファイルを簡単にダウンロードできるツールが含まれています。なおこのツールでは、京都大学生存圏研究所が運営する生存圏データベースによって収集・配布されているファイルを取得します。

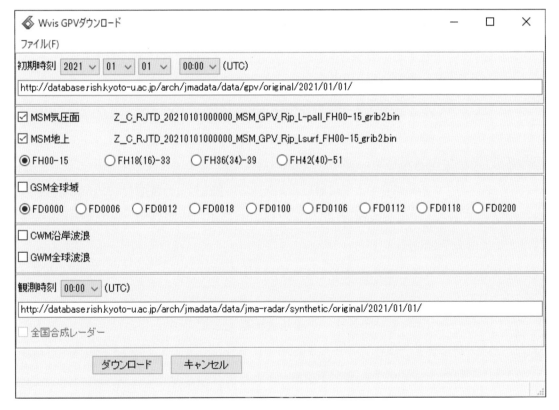

図 2-7-1　GPV ダウンロードユーザーインターフェイス

「ツール」メニューの「GPV ダウンロード」をクリックすると、ファイルをダウンロードするユーザーインターフェイスが表示されます。まず始めに、GPV ダウンロードの「ファイル」メニュー、「保存先フォルダ」をクリックします。「フォルダの参照」ウィンドウで、ダウンロードするフォルダを指定し「OK」をクリックします。これで、数

値予報ファイルを保存するフォルダが設定されました。この設定をしないと、「ダウンロード」ボタンをクリックできないようになっています。

つぎに、「初期時刻」で数値予報ファイルの初期値の日時を指定します。日時は協定世界時 UTC です。時間は 3 時間ごとに 00:00 〜 21:00UTC から選びます。

MSM には、気圧面データのファイルと地上データのファイルがあります。初期状態では両方にチェックがついています。FH で始まる数字は、予報時間を表しています。気圧面データと地上データのそれぞれについて、予報時間によってつぎのファイルがあります。

● MSM 気圧面：予報時間 00-15H、MSM 地上：予報時間 00-15H
● MSM 気圧面：予報時間 18-33H、MSM 地上：予報時間 16-33H
● MSM 気圧面：予報時間 36-39H、MSM 地上：予報時間 34-39H
● MSM 気圧面：予報時間 42-51H、MSM 地上：予報時間 40-51H

MSM 気圧面ファイルは 3 時間ごと、MSM 地上ファイルは 1 時間ごとの予報時間になっているため、それぞれのファイルに含まれる時間が上のように少し異なっています。

GSM のファイルをダウンロードするときは、「GSM 全球域」にチェックをつけます。GSM 全球域ファイルには、地上データと気圧面データの両方が含まれています。FD で始まる数字は、予報時間を表しています。たとえば FD0106 は、1 日と 6 時間後、すなわち 30 時間後を意味しています。なお、GSM 全球域ファイルは 6 時間ごとに提供されているので、「初期時刻」には 00:00、06:00、12:00、18:00UTC の 6 時間ごとの値を指定します。03:00、09:00、15:00、21:00UTC が「初期時刻」となる GSM 全球域ファイルはありません。

海洋モデルをダウンロードするときは、「CWM 沿岸波浪」と「GWM 全球波浪」にチェックをつけます。

「ダウンロード」のボタンをクリックすると、指定したファイルをインターネットからダウンロードします。保存先フォルダにすでにダウンロードした数値予報ファイルがある場合は、同じファイルを再度ダウンロードしないようになっています。

ダウンロード後は、「キャンセル」をクリックして GPV ダウンロードユーザーインターフェイスを閉じてください。

2.8. トラブルシューティング

2.8.1. 起動時の警告

　Wvis を起動した際に図 2-8-1 のメッセージが表示された場合は、「詳細情報」をクリックし、「実行」を選んでください。また、図 2-8-2 の警告が表示された場合は、「アクセ

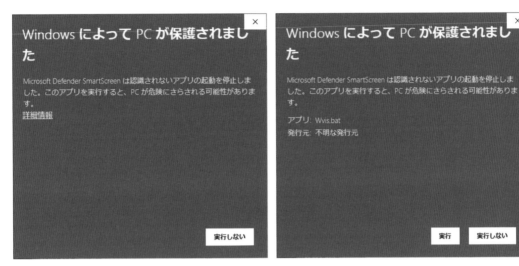

図 2-8-1　Wvis 起動時のメッセージ

図 2-8-2　Wvis 起動時の警告

スを許可する」を選んでください。

2.8.2. 終了時の不具合

　風向・風速の「アニメーション」のチェックがついたままの状態では、Wvis を終了できないことがあります。その場合は、「アニメーション」のチェックをはずしてから終了してください。

2.8.3. MPEG ファイル保存時の制限

　「ファイル」メニューの「MPEG ファイルに録画」でビューアーの表示内容を MPEG ファイルに保存しますが、「ビュー」メニューの「フルスクリーン」表示中は、MPEG ファイルを録画することはできません。

　また、ビューアーに多くの要素を表示している、あるいは録画中に激しい動きがあると、MPEG ファイルの画像が乱れることがあります。特に「標高」や「降水量」を表示して移動・回転すると、画面内の変化が大きいために画像が乱れやすくなります。

2.9. その他の技術情報

2.9.1. Wvis の開発環境

　Wvis の開発には、サイバネットシステム株式会社が販売する AVS/Express を使用しています。

　http://www.cybernet.co.jp/avs/

　AVS/Express は、ファイルの読み込み、フィルター処理、グラフィックス表示などの様々な機能が、モジュールと呼ばれる部品として提供されています。モジュール同士をマウス操作で接続し、パラメーターや動作を設定することで、自由度の高い表示を行うことができます。可視化ソフトウェアの開発環境としても利用でき、Wvis はこの機能を利用しています。

2.9.2. 高度方向の表示倍率

　地球の半径は約 6400km、その周囲は 4 万キロにおよぶ広大な空間になります。それに対し、大気の厚さは百キロほど、対流圏の厚さは十数キロ程度しかありません。このように、水平方向は非常に広く、垂直方向は限られた空間で気象現象は発生しています。Wvis では、水平方向に対して高度方向を大きく拡大し、気象現象を可視化してい

ます。

　なお、「高度 [倍率]」で高度方向の倍率を変更できますが、これはおおよその値です。正確な倍率の値ではないことに注意してください。

2.9.3. 相対湿度の表示範囲

　数値予報ファイルの MSM および GSM には、300hPa より上層は相対湿度のデータが含まれていません。そのため、相対湿度を用いて算出している下記の要素については、1000hPa から 300hPa の範囲しか表示されません。

・相対湿度

・露点差

・混合比

・相当温位

2.9.4. MSM の上昇流・下降流

　2017 年 2 月 28 日 03:00UTC 以降の MSM 気圧面ファイルには、初期値に上昇流・下降流のデータが含まれていません。そのため、上昇流・下降流を表示するときは「時間 [FT]」を FT +03 以降にします。2017 年 2 月 27 日以前の MSM 気圧面ファイルには、初期値にも上昇流・下降流のデータが含まれています。

2.9.5. プロキシサーバの設定

　組織内のネットワーク環境によっては、外部のインターネットとの接続にプロキシサーバを設けている場合があります。その場合、GPV ダウンロードにより数値予報ファイルをダウンロードするためには、プロキシサーバの設定が必要になります。Wvis のユーザーインターフェイスにプロキシサーバのメニューはありませんが、下記の方法で指定することができます。

　Wvis フォルダ内の bin フォルダに、下記のファイル名のテキストファイルを作成してください。ファイル名の 1 文字目はドット (ピリオド) です。

　.wgetrc

　このファイルに、プロキシサーバの URL を記述します。

　http_proxy=http:// IP アドレス : ポート番号 /

　例として、次のような内容になります。プロキシサーバの URL については、組織の

システム管理者に確認してください。

　　http_proxy=http://proxy.xxx.xxx:8080/

　なお、Wvis の GPV ダウンロードでは、wget というプログラムを内部で呼び出し、ファイルのダウンロードを行っています。上記のファイルは、wget の設定ファイルです。

2.9.6.　数値予報ファイルの読み込み

　MSM や GSM 等の数値予報ファイルは、GRIB2 というファイル形式で提供されています。Wvis では数値予報ファイルを開くときに、wgrib2 というプログラムを内部で呼び出し、GRIB2 から NetCDF というファイル形式に変換して読み込んでいます。例えば、MSM 気圧面ファイルを開くと、一時保存フォルダにつぎのファイルが作られます。なお、一時保存フォルダの場所は、Wvis を使用しているユーザーの TEMP 環境変数で定義されています。

　・MSM_GPV_Rjp_L-pall.nc

　これが GRIB2 から NetCDF に変換されたファイルです。変換時のログが、一時フォルダにつぎの名前で保存されます。このログファイルには、wgrib2 で変換した要素、等圧面、予報時間が記録されています。

　・wgrib2_MSM.log

　同様に、MSM 地上ファイルを開いたときは、一時保存フォルダにつぎの NetCDF ファイルとログファイルが作られます。

　・MSM_GPV_Rjp_Lsurf.nc
　・wgrib2_MSM_Lsurf.log

2.9.7.　コマンドプロンプトの画面

　Wvis で数値予報ファイルを開いたとき、あるいは GPV ダウンロードでダウンロードした時に、コマンドプロンプトの黒い画面が現れます。これは、開発環境である AVS/Express の設定によるもので、Wvis が wgrib2 や wget などのプログラムを内部で呼び出した時の動作です。

おわりに

　気象情報可視化ツール Wvis は、気象現象の立体的な姿を直感的にイメージすることを目的としています。そのため、厳密には数値としての正確性を満足しないところがあります。また、数値予報はあくまで予報であることに注意しなくてはなりません。

　しかし、それでもあえて、誰でも目の前のパソコンを使って、風や前線や雲をわかりやすく描き、立体的な形状をマウスでぐるぐる動かして、様々な視点から眺めて見る。それは、気象の理解において有意義なことではないでしょうか。お天気に興味がある、気象を学ぶ多くの方に、気象現象の思いがけない姿を発見してほしい、そのような想いからこの本をまとめました。

　この本の執筆にあたり、Wvis を開発するきっかけを与えていただいた、前さん、そして原さんをはじめとする気象庁の皆さま。「はじめに」に書かせていただいた象さんのお話しは、パイロットの大村さんのアイディアです。さらに、山本さんをはじめとする日本航空機操縦士協会 航空気象委員会の皆さま。Wvis の開発に技術的なご支援をいただいています、松岡さんはじめサイバネットシステムの皆さま。この本を出版する機会を与えていただきました、鳳文書林の青木さん。ありがとうございました。皆さまにお礼を申し上げます。

　昭和基地の上空にラジオゾンデを放球し、私にとって初めての気象観測を経験させていただいた野村隊員、そして宮岡隊長をはじめとする第 48 次日本南極地域観測隊の隊員一同に感謝いたします。

索　引

参考文献

METAR からの航空気象、鳳文書林出版販売、2020

読んでスッキリ！気象予報士試験合格テキスト、ナツメ社、2017

読んでスッキリ！解いてスッキリ！気象予報士実技試験合格テキスト＆問題集、ナツメ社、2017

'15-'16 年版 ひとりで学べる！気象予報士実技試験完全攻略テキスト＆問題集、ナツメ社、2014

イラスト図解 よくわかる気象学 第 2 版、ナツメ社、2016

天気予報の作り方、東京堂出版、2007

交通管制部の所有するデータの提供について、国土交通省航空局交通管制部交通管制企画課、2017

CARATS オープンデータの概要説明、国立研究開発法人 海上・港湾・航空技術研究所 電子航法研究所 岡恵、CARATS オープンデータ活用促進フォーラム、2019

平成 25 年台風第 26 号に伴う 10 月 15 日〜 16 日の伊豆大島の大雨、災害時気象速報、東京管区気象台、2014

平成 30 年 7 月豪雨の局地的な特徴、気象庁気象研究所 研究成果発表会、2018

日本海側に大雪をもたらす「山雪型」と「里雪型」の違い、ウェザーニュース、https://weathernews.jp/s/topics/201712/070145/、2021

AVS/Express、サイバネットシステム、http://www.cybernet.co.jp/avs/、2021

wgrib2、NOAA、http://www.cpc.ncep.noaa.gov/products/wesley/wgrib2/、2021

GNU Wget、https://www.gnu.org/software/wget/、2021

GTOPO30、USGC、https://lta.cr.usgs.gov/GTOPO30、2021

京都大学生存圏研究所 生存圏データベース、http://database.rish.kyoto-u.ac.jp/、2021

気象業務支援センター、http://www.jmbsc.or.jp/、2021

気象庁、http://www.jma.go.jp/、2021

※天気図等の気象資料は、気象庁提供によるものです。

※ CARATS Open Data は、国土交通省提供によるものです。

※ Wvis の使用に関して、気象庁ならびに国土交通省その他の関係機関へのお問い合わせはご遠慮ください。

Memo

Memo

Memo

著者　新井 直樹 (あらい　なおき)

東海大学大学院工学研究科博士前期課程 修了
東京商船大学大学院商船学研究科博士後期課程 修了、博士 (工学)
気象予報士

日本電気株式会社 生産技術開発本部、独立行政法人 電子航法研究所を経て、
現在は、東海大学工学部航空宇宙学科航空操縦学専攻 教授、パイロットコースで気象学を
担当している。
専門は、航空気象、気象情報可視化、気象教育。
第 48 次日本南極地域観測隊越冬隊員。
著書に、「パパ、南極へ行く」(福音社)、「航空宇宙学への招待」(東海大学出版部：共著)、
「METAR からの航空気象」(鳳文書林出版販売：共著)。

禁無断
複　製

令和 3 年 6 月 24 日　初版発行　　　　　　　　　　　　　　シナノ印刷

見える気象学

気象情報可視化ツール Wvis 公式マニュアル

新井直樹 著

発行：鳳文書林出版販売㈱

〒 105-0004　東京都港区新橋 3 − 7 − 3
Tel 03-3591-0909　Fax 03-3591-0709　E-mail info@hobun.co.jp

ISBN978-4-89279-464-3 C3040　￥2600E　　　　定価 2,860 円（本体 2,600 円＋税 10%）